读客文化

[英]伊米·洛 著
肖心怡 译

你的敏感，就是你的天赋

The Gift of Intensity

IMI LO

天津出版传媒集团

天津科学技术出版社

著作权合同登记号：图字 02-2022-059
First published in Great Britain by John Murray Learning in 2021
Copyright © Imi Lo 2021
All rights reserved. No part of this publication may be reproduced, stored in a retrieval system, or transmitted, in any form or by any means without the prior written permission of the publisher, nor be otherwise circulated in any form of binding or cover other than that in which it is published and without a similar condition being imposed on the subsequent purchaser.

中文版权 © 2022 读客文化股份有限公司
经授权，读客文化股份有限公司拥有本书的中文（简体）版权

图书在版编目（CIP）数据

你的敏感，就是你的天赋 /（英）伊米·洛著；肖心怡译. -- 天津：天津科学技术出版社，2022.9（2025.5 重印）
书名原文：The Gift of Intensity
ISBN 978-7-5576-9983-3

Ⅰ.①你… Ⅱ.①伊… ②肖… Ⅲ.①情绪-自我控制-通俗读物 Ⅳ.① B842.6-49

中国版本图书馆 CIP 数据核字 (2022) 第 056123 号

你的敏感，就是你的天赋
NI DE MIN'GAN JIUSHI NI DE TIANFU

| 责任编辑：韩　瑞 |
| 责任印制：赵宇伦 |

出　　版：	天津出版传媒集团
	天津科学技术出版社
地　　址：	天津市西康路 35 号
邮　　编：	300051
电　　话：	（022）23332390
网　　址：	www.tjkjcbs.com.cn
发　　行：	新华书店经销
印　　刷：	三河市中晟雅豪印务有限公司

开本 880×1230　1/32　印张 7　字数 159 000
2025 年 5 月第 1 版第 16 次印刷
定价：49.00 元

序

　　这本书是为那些情绪特别强烈、敏感和有共情力的人写的。如果你无法融入社会主流人群，只好走一条非传统的道路，那么，这本书就是为你准备的。

　　一生中，总有人说你"太极端了""太奇怪了""太难搞了"，或者"太夸张了"。你是一个深沉严肃的思考者，一个直觉敏锐的试探者，一个异乎寻常的观察者。当你看到别人痛苦时，你也感同身受。当你被艺术或音乐打动时，你为之心醉神迷，欣喜不已。你天生就有共情力，这是你的天赋；社交上的一些细微差别和情绪变化，很多人都注意不到，你却可以。而且，你还能从周围的人那里汲取精神能量。

　　当你还是个孩子的时候，你就热情洋溢，知觉敏锐，敏感多思。你有永不满足的好奇心和丰富的内心世界。生活中你并不总是同意大人的意见，常常质疑那些不公正的事情。你痴迷于某些特定的事物，对人、动物、物品和地点会形成强烈的依赖。

　　有时你热情的天性、敏锐的直觉和独立的思考让你与主流人群格格不入，而这意味着追求归属感于你而言是一项长期斗争。

有时候你会觉得永远也不可能找到你的同类,更不能找到你的灵魂伴侣。

或许对大众有效的方式对你不见得有效。不管多么努力,你都无法长期去做一份传统的工作,即那种亦步亦趋地向上爬,走一条稳定的、一眼可以看到未来的道路。你对很多事情都感兴趣,无法让自己被困在一种职业、一种固定的范式之中。对于那种虚伪的或是低效的体系,你没有办法赞同,也很难忍住不去揭发这件事。你的家人和朋友都说你太较真了。

在你生命中的某个时刻,在多次受到拒绝或者批评之后,你下意识地发誓要隐藏真实的自己,这样你就不会再受到伤害、拒绝或者背叛。你发展出一个能够适应社会的外在形象,它经过精心的自我修饰,压制住了你内心的部分声音,并严格控制自我表达。为了减少投向自身的反对目光,以及那些羞辱、戏弄和嘲笑,你把自己隐藏起来。你把自己塑造成一个更能被社会接受的样子,为了适应环境而弱化了强烈情绪的表达。

为了维持这个外在形象,你可能做出了很多牺牲。你可能不得不一直做着一份自己不喜欢的工作,或陷在一段不正常的亲密关系里,或者不得不一直抑制自己的创造性表达。有时你会在一个明显不适合自己的社群中待太久,你相信如果你足够努力,就一定能从中找到爱和接纳。一段时间之后,你会忘记那个真实的自我,忘记了你那天真又炽热的灵魂。尽管你表面上看起来很平静,但内心没有安全感。你抑制自己的热情,否定自己的渴望,抛弃远大的梦想,生活最终变得黯淡无光。

这个虚假的外在形象可能短期来看是有效的,但你的本心从未远离。一场疾病，一段关系的破裂，或一次职业危机都可能引发你的焦虑情绪。突然之间，你再也无法隐藏真实的自我，也无法接受一辈子的自我否定所带来的空虚。你会意识到做真实的自己比迎合大众更有价值。当生活将你唤醒时，无论找回真实自我的旅程多么坎坷，你都别无选择，只能走上这条路。或许现在，就是你人生的关键时刻。

很长一段时间以来，你都觉得自己有问题。可你从来没有想过，强烈的情绪可能是你具有巨大潜力的标志。

这本书从不同的角度来探讨这个问题，它将帮助你重新定义你自己——邀请你重归本心。

通过阅读本书，你会了解真正的归属感与虚假的归属感之间有什么差异；学到如何从过去受到的羞辱和伤害中痊愈；作为一个情绪强烈的人，怎样才能在维持正常生活的基础上，还能活得精彩；学会如何摆脱坐过山车般的社交焦虑，告别被拒绝的恐惧，最终在自己身上找到平静。

如果你读过我的第一本书《拥抱你的敏感情绪：疗愈情绪，接纳自我》（*Emotional Sensitivity and Intensity*），你或许已经对我所说的"情绪强烈与天赋异禀"有所了解。而这本书专注于"关系"这个主题，探讨作为一个情绪强烈、与众不同、敏感的人活在这个世界上，到底意味着什么。

本书的第一部分旨在构建概念。在此我们重新回顾了情绪强烈和与众不同的实际意义。而在第二部分中，我们会提供一些策略、练习和建议，帮助你在人际关系中如鱼得水，绽放自我。这一部分探讨了生活中的四类关系。

在第四章的内容中，你将学会培养情感技能，帮助你驾驭复杂而激烈的情感情景，并帮助你理解找回真实自我的价值。

在第五章的内容中，我们会探讨你与原生家庭的关系。作为一颗"掉落后便远离了树的苹果"[1]，原生家庭以看不见的方式给你带来伤痛。你会读到一些有可能对你造成深深伤害的消极的家庭情景，如何理解这一切，以及你可以做些什么来释放你身上的重担。

在第六章的内容中，你会思考自己在亲密关系中所面对的挑战。例如，你在与伴侣的相处中可能会有情绪上的大起大落，可能会有无聊与不安的时刻，你敏感的情绪可能会被频繁地触发，你还可能无法控制你的反应。我们会从依恋和心理动力学的理论出发，帮助你学习如何消除那些不健康亲密关系的方法。

最后，在第七章的内容中，我们会探讨个体与社会的关系，包括如何与同事、朋友相处。我们将帮助你应对工作中常见的挑战，从权力斗争到人际交往的动态。"你成长得比别人更快"这一节提出了情绪强烈者常常面临却几乎未被讨论过的问题：成长得比身边的人更快，需要放弃一些旧有的人际关系吗？

---

[1] 此处表达源自英文谚语"the apple doesn't fall far from the tree"（苹果掉落的地方不会离树太远），意思接近于"有其父必有其子"。——译者注（如无特殊说明，均为译者注）

最终，要在这个世界上找到真正的归属感，要从拥抱全部的自己开始。

生活中最可怕的事，并不是被别人拒绝，而是你主动抛弃了自己。不管别人怎么看你，也不管这个危险的世界会发生什么，你必须做自己的坚强后盾。一旦你在自己心中安下了一个"家"，你就有能力与他人建立健康的、令人满意的关系。如此，你将会知道自己的边界在哪里；该邀请谁、拒绝谁进入你的世界；知道该如何管理自己的能量；去哪里寻找你应得的爱与认可。在这段旅程的最后，如果再有人不尊重情绪强烈、敏感的人，你将不再一味忍让。

对此，你心中其实早已做好了准备。我期待着和你走过从隐藏自我到绽放自我的旅程！

伊米·洛

目　录

第一部分　情绪强烈者

第一章　你是情绪强烈又敏感的人吗　003
　　什么是情感强度　003

第二章　情绪强烈是一种大脑差异　010
　　有些人天生敏感　011
　　高敏感人群　011
　　兰花与蒲公英　013
　　你是"移情者"吗　014
　　"过度兴奋性"与天赋　019
　　情绪强烈是一种天赋还是精神疾病　023
　　情绪强烈者的存在危机　024
　　从不合群的人到领导者　027

第三章　与世界不同步 　　　　　　　　**030**

你在这世上的挣扎 　　　　　　　032
没有归属感的创伤 　　　　　　　042
不合群也没关系 　　　　　　　　043

第二部分　**从隐藏自我到绽放自我**

第四章　**与自我的关系** 　　　　　　　　**049**

做回真正的自己 　　　　　　　　　**050**
反思练习：你自己的悼词 　　　　058
你应该控制自己的情绪吗 　　　　　**061**
感觉良好才可以吗 　　　　　　　062
怎样与你的情绪相处 　　　　　　063
实践策略：如何面对自己的情绪触发点 　071

第五章　**你与家庭的关系** 　　　　　　　**077**

识别有害的家庭动态 　　　　　　　**078**
人格适应 　　　　　　　　　　　091

反思练习：浏览家庭相册	096

放下过去　　　　　　　　　　　　　　　099
视觉化练习　　　　　　　　　　　　115

第六章　爱情与亲密关系　　　　　　118
在做自己的前提下找到真爱　　　　118
给情绪强烈者的建议　　　　　　122
日记练习："当我坠入爱河……"　133

对于被抛弃的恐惧　　　　　　　　135
你是否挣扎在对于被抛弃的恐惧中　136
是什么让你如此恐惧　　　　　　138
理解客体恒常性　　　　　　　　140
用现在治愈过去　　　　　　　　141
实践策略：制作一个自我陪伴盒子　145

逃离亲密　　　　　　　　　　　　148
回避亲密关系的策略　　　　　　150
你能治愈你自己吗　　　　　　　156
一周日记练习：你的逃避对你有用吗　158

第七章 工作关系与友情 　　165

认识职场的挑战 　　165
探索：你的角色是什么 　　175

在职场绽放光彩 　　177
克服工作中的挑战 　　177
在世界上找到自己的位置 　　185
日记练习：回顾你的一天 　　186

你成长得比别人更快 　　189
仪式：辨别与放下 　　194
振翅高飞吧！ 　　197

参考资料 　　200

第一部分

情绪强烈者

第一章
你是情绪强烈又敏感的人吗

带着强烈的情绪生活是一件喜忧参半的事。在好的情况下，你强烈的情绪是一股十分鲜活的力量，让你对这个世界充满热爱、心怀感激；而在不好的情况下，它仿佛是你内心中一场永不停息的风暴，吞噬你、控制你。

情绪强烈意味着你有时会和周围的人不同步。在没有明确指引的情况下，你可能无法学会如何欣赏自己的长处和利用自己的天赋。"情感强度"是一个复杂的定义，希望你能通过了解它的复杂，学会从一个新的角度来理解你的生活。

什么是情感强度

情感强度由以下5个部分组成。

1. 情感深度与激情

无论是否向外表达，你对事物的感受都是深刻而强烈的。在短短的一天里，你就有可能从美好的幸福跌入深深的沮丧。你可以同时或者连续经历积极和消极的感受。

对你而言，感觉不仅仅是感觉，它是一种渗透性的、吸入性的、贯穿身心的体验。失望让你感受到沮丧，愤怒让你无法抑制，有时你会被自己情绪的强烈程度吓到。不过，一旦学会了如何管理它，多变的情绪特征会让你极富激情和创造力。

生活中的一点琐碎小事就能让你兴高采烈。当你沉浸在深层的人际关系中，或者是沉醉于音乐、电影、文学中时，你很难将自己从这种超然的状态中拉出来。

你感受这个世界的波长与你周围的人不同步。与同龄人相比，你的思考异乎寻常的深刻。你能够看穿人类生活的复杂，拥有"阅历丰富的灵魂"。而与此同时，你又保有孩童般的理想主义和对世界的好奇。

你非常有激情，会对某些人、某些想法着迷。虽然可能表现得不是太明显，但你爱得很强烈，对人的关心也很深沉——不仅仅是对恋人，对你的朋友、家人、动物以及更广阔的世界也是如此。

你对没有意义的闲聊和社交礼仪的容忍度很低。你想要跳过浅薄的互动，与人建立有意义、直达灵魂的关系。

在不断被拒绝、付出的爱得不到回报的情况下，你可能已经学会了封闭自己，通过让自己变得麻木来保护自己。即便如此，你的心仍然是自然开放的。

你能够与人、动物和地点建立非常强烈的联结，分离对你来说很痛苦。你常常怀旧，当你和爱人回忆起一段往事时，你会觉得那仿佛就发生在昨天。

2. 深刻共情的能力和敏感度

你有极高的共情能力，你会"吸收"别人的精神和情感。当你走进一个房间，会情不自禁地捕捉到微妙的情绪、未说出口的社交信号和其他人的能量。这可能会让你在人群或社交场合中感到筋疲力尽、不知所措。

从很小的时候起，你就深切地关心周围的环境，关心世界的冷暖。看到其他人或动物受到伤害时，你会觉得那仿佛就发生在自己的身上。

你对你朋友和爱人的需求很敏感。你是一个忠诚的伙伴，他们需要的时候你就在那里。有时候，你甚至在他们之前就感觉到了他们的悲伤和沮丧。

你很容易因为别人说什么或不说什么、做什么或不做什么而黯然神伤。大家都说你"脸皮薄"。有时你会过度解读与他人之间的互动，一旦发生冲突，你总会很快地把责任归咎于自己。

来自感官的输入很容易就能将你淹没，如噪声、浓烈的气味、衣服标签或粗糙表面的触感。你可能有恐音症（厌恶声音）、超听症（对声音过度敏感）、气味恐惧症、味觉亢进（味觉超越常人）、皮肤敏感或其他各种过敏症。

你的感觉通常是躯体化的——它总是通过身体症状表现出来。由于无法消化从周围环境中吸收的所有东西，你会产生过敏、消化欠佳、心律失调、慢性疲劳和频繁头痛等问题。

3. 极高的感知力和洞察力

你能看到表象之外的东西。例如，你可以看到别人忽略的伪善；可以看出某人是否表现得不自然。即使别人不承认他们难过，你依然能够感觉到他们的悲伤。

有什么事情将要发生的时候你会有某种预感，你还有可能能够感知别人的内心世界。

你是一个敏锐的观察者，能够从多个角度看问题。在大多数情况下，你能够看到各种可能性和备选方案。

当你的洞察力遇上了强烈的正义感时，就可能给你带来人际斗争。例如，你忍不住要去挑战职场中的不平等和压迫，要去指出同辈群体中的伪善者。

你是"吹哨人"，是那个揭开令人不快的真相的人。人们觉得你是个威胁，因为他们觉得你能够看穿他们。你是那个指出"房间里的大象"[1]，或者试图解决潜藏在表面下的真正问题的人。

你挑战主流观念的界限，质疑或挑战传统，尤其是那些看起来毫无意义或是不道德的传统。尽管选择了一条艰难的道路，但你的直觉和正直也能让你成为一个伟大的、有远见的领导者。

---

1 英文俗语"elephant in the room"，指那些显而易见但却一直被忽略的问题。

4. 被过人智慧与生动想象力填满的内心世界

你不仅情绪强烈，还聪慧过人（这两种特点经常同时出现在一个人身上）。你的大脑处理信息的速度非常快，能快速学习新事物。你有深刻而复杂的思想，有很棒的抽象推理能力。

你的大脑可以多线程运行，想法总是源源不断地冒出来。可是想法太多了，反倒让你觉得自己都跟不上自己，也无法去执行它们。

兴奋的时候，你说话的速度赶不上大脑思考的速度，于是你说话很快，甚至会打断别人。对那些跟不上你思路的人，你可能会显得挑剔和不耐烦。

你天生就是个追求真理的人，你有理解一切事物的欲望，总想要扩展视野，掌握更多知识。你很可能是一个狂热的阅读者和严谨的研究者。从很小的时候起，你就有一种离开家去探索世界的冲动，却又为抛下身边的人而感到内疚。

你拥有丰富的内心世界，脑海中充满生动形象的联想、各种幻想和美梦。你不仅以文字的方式思考，还以图像和隐喻的方式思考。

一旦醉心于一个新的项目，或是沉浸在艺术、文学、戏剧、音乐作品当中，外部的世界对你来说就不再重要了。

如果你童年的生活环境糟糕，常受虐待或是缺少刺激，你的应对方式可能就是在自己想象出来的世界里做白日梦。书籍、艺术、自然、想象中的朋友都是你情绪大起大落时的避风港。

你的兴趣爱好广泛，现实世界却想要你专精一处，这让你感到沮丧。即使选择了一条传统的职业道路，你也无法抑制自己对其他学科的好奇心和热情。

5. 创造的潜力与存在焦虑

你追寻生命的意义。从很小的时候开始，你就对存在感到忧虑，开始想到生命是多么没有意义，开始思考死亡和孤独的问题。你发现周围的人，尤其是成年人，并没有准备好与你探讨这些重要的问题，这让你十分失望。

你是一个善于独立思考的员工，不愿接受让你觉得毫无意义的指令，也会去挑战专制的权威。驱动你工作的是想要去学习、去领会的内在驱动力，而不是任何外在的奖励，如金钱和名誉。

你能看到事物所深藏的潜力，但这也意味着你会痛苦地意识到目前的情况与理想之间的差距。这个世界的现状，它的不公正、不平等和四处存在的压迫让你无比悲伤。

莫名中，你会觉得肩上有一份责任——即使对与你无关的事情也是一样。你总被一种紧迫感压得喘不过气来，总想要逼迫自己一路向前。你心中总有什么东西在躁动，总觉得有什么重要的事情需要你去完成。你总觉得时间在飞逝，而你并没有在做你应做的事情——这种念头挥之不去。

你将高度的道德感带入自己的工作，对自己和他人都以极高标准去要求。在你看来很正常的事情，在别人看来却可能是"完美主义"，是要求过高。

你有很强的好奇心，会对自己的行为认真回顾。于是你总在强迫性地思考，审慎地自我检视。

当你有了一个强烈的愿景或是全新的想法时，你会感受到归属感和真实表达之间的分裂——你想要用完整的、真实的自我来进行表达，但又担忧这会导致"被拒绝"的后果。

当你的理想主义变成了完美主义时，你就会"瘫痪"。你可能会面临创作障碍，如"艺术家瓶颈"、"作家瓶颈"、拖延症、害怕暴露或"冒名顶替综合征"（总觉得自己是个骗子）。

> 清晰而准确地认识自己将帮助你重新定义你的纠结。你将拥抱你独特的人生道路，而不是希望自己是另一个人。在这个过程中，你会意识到最深刻的痛苦不是来自脱离群体，而是来自否认真实的自我。如果你能拥抱它，你将会看到你的强烈情绪正是你最好的礼物。

第二章
情绪强烈是一种大脑差异

由于神经科学的进步,现在的心理学家开始将"神经多样性"(neurodiversity)看作一件好事。"神经多样性"指的是我们的神经结构各不相同。认可这种差异,意味着我们可以观察人类绽放自我的多种形式,而不是一味去消除那些似乎不符合"规范"的东西。

我们每个人生来都具有独特的气质,差异表现在以下方面:

- 生物学上的差异。
- 在生命早期就有明显表现。
- 随着时间的推移,在许多情况下保持不变的特征。

情绪强烈、高敏感度和超高共情力等特质中都有互相重叠的部分,它们共同构成了情绪强烈者的气质。

这些大脑差异从你出生的那一天起就一直跟随着你。在本章中,我们通过介绍现有的概念、研究和心理学理论来帮助你理解这些特质的起源,它们所代表的天赋以及你该如何利用这些优势。

有些人天生敏感

从出生起，我们对外界刺激和感觉的反应就不尽相同。哈佛大学发展心理学家杰罗姆·卡根（Jerome Kagan）是最早研究敏感程度与大脑差异的人之一。在他的研究中，他发现一些婴儿对强烈的气味和噪声等刺激反应更强烈，他们往往也对陌生人的闯入感到更加不安。这些婴儿的反应有生物化学基础：他们的大脑分泌出更高水平的去甲肾上腺素（大脑中的肾上腺素）和应激激素，如皮质醇。他们更容易发现威胁，尽管这在某种程度上是一种进化优势，却也让他们对良性压力源也会产生更快的反应。即便成年后，敏感的人也更容易受到身体压力累积的影响，出现慢性疼痛、疲劳、过敏和偏头痛等身体疾病。

高敏感人群

1995年，伊莱恩·阿伦（Elaine Aron）出版了《天生敏感》（*The Highly Sensitive Person*），将这一概念带入了主流视野。阿伦认为，这个世界上有15%～20%的人都是高度敏感的，在男性和女性中同样常见。与普通人群相比，高敏感人群（HSP）的免疫系统和神经系统反应性更强，这意味着他们会对拥挤的空间、强烈的气味、粗糙的表面和巨大的噪声等刺激产生生理和心理上的反应。高敏感人群无论在童年时期还是成年后，都很容易被突然的变化压垮，他们也更容易感受和吸收他人的痛苦情绪。然而，根据他们与父母性格的契合度不同，他们受到的评价也不尽相同。有些孩子被说成"怪异""敏感"或是"害羞"，有些则被评价为"难搞""活跃""苛求"和"固执"。

以下是阿伦在2019年设计的一些针对HSP特征的自我测试：

- 很容易受惊。
- 对疼痛非常敏感。
- 当你在短时间内有很多事情要做时，你会变得焦躁不安。
- 享受极致的香熏、菜肴、声音或艺术品。
- 强光、强烈的气味、粗糙的织物或附近的警报器响总会让你不知所措。
- 无法直视电影或电视节目中的暴力场面。
- 在忙碌的日子里，你需要躲到床上或灯光昏暗的房间里，在独处中寻求解脱。

"HSP"这个概念，并没有像本书一样完全涵盖情绪强烈者的所有特点。"HSP"和"情绪强烈者"这两个概念之间有相当程度上的重合，但要形容一个情绪强烈者，我们可能还要在"HSP"的基础上加上严谨、速度、热情和兴奋性。在"HSP"概念诞生初期，敏感的人总被理解为那些容易受到惊吓而慌乱的人。那时的概念里，改变会让他们崩溃，而竞争会带来紧张或动摇（除了一小部分追求感官刺激的高敏感人群，他们想要的是新奇和风险）。也就是说，给他们的建议是要安排好自己的生活，避免令人不安的情况出现。大部分写给HSP的励志手册以及他们的心理医生都强调限制刺激和避免令人难以承受的情况的出现。

如果你不仅敏感，情绪还很强烈，那么这条建议足够了。对你来说，刺激不足和刺激过度同样成问题。要保持良好的状态，不意味着你要对体验本身产生恐惧，你应该做的是找到一个最佳平衡点，让你能够获得足够的挑战，又不过度。要达到"心流"的状态，你在生活的各个方面都需要有足够的活力，包括工作、感情生活、人际关系和日常活动。例如，一段不能给你带来足够刺激的关系可能会让你不满；一份工作太过缺乏挑战，其中的无聊琐碎可能反而会让你身心疲惫。在这些情况下，挑战、竞争和受到人群关注可能会对你有所帮助。如果你是一个情绪强烈的人，保持良好状态的关键就是要找到平衡。你的目标应当是在智力、情感和体能上都找到程度合适的挑战，而不是把自己包裹起来，让人生之路越走越窄。

兰花与蒲公英

考虑到整个社会对情绪强烈者根深蒂固的偏见，你可能会问：天生敏感是一种劣势吗？天生敏感的人是否一生注定充满困难？为了回答这些问题，托马斯·博伊斯（Thomas Boyce）提出了"兰花与蒲公英"理论。

博伊斯和他的团队对儿童进行了研究，并观察他们的长期发展。在研究中，博伊斯发现80%的儿童都是相对不敏感的，就像野外的蒲公英，能在大多数环境中生存下来。而其余的20%就像兰花，他们对环境极其敏感，面对逆境非常脆弱。这项研究中体现的80∶20比例与阿伦对高敏感人群的研究大致相同。"兰花与蒲公英"理论解释了为什么在同一个家庭中长大的兄弟姐妹可能会对家庭的异常变化或父母的痛苦做出不同的反应。尽管我们说童年时期受到的虐待或忽视，再小也是大事，但兰花型的孩子能察觉到父母的感受和行为上非常细微的差异，并被其影响，而蒲公英型的孩子则不会。

"兰花与蒲公英"的研究最能给人带来希望的地方在于他们的长期研究结果。他们对一组人进行了长达多年的观察，事实证明，虽然敏感的孩子更容易受到不利情况的影响，但如果给予适当的支持，他们很可能成长得比那些不那么敏感的同伴更加优秀。博伊斯研究对象中的许多兰花型孩子长大后都非常优秀，他们当上了杰出的父母，成长为聪明慷慨、对世界有用的人。换句话说，高敏感性本身并不是坏事，而更像是一种"高杠杆化的进化赌注"，它同时具有高风险和较高的潜在回报。

你是"移情者"吗

"移情者"一词近年来变得越来越常见了，关于这一特殊群体的在线文章和自助手册也陆续涌现出来。这类人群拥有高于一般水平的同理心。移情者们具有察觉他人感受的天赋，但他们也可能成为他人能量的"情感海绵"。以下是朱迪斯·奥洛（Judith Orlo）总结的一些移情者的特征：

- 乐于付出，精神上开放，善于倾听。
- 在感情中容易受伤。
- 对他人的情绪非常敏感，容易吸收他人的情绪。
- 很容易成为"能量吸血鬼"的目标。
- 性格内向，需要独处的时间。
- 感官高度敏感，可能会因为噪声、气味或讲话太多而感到疲惫。
- 品格高尚，常常因付出太多而燃尽自己。

尽管越来越多的人开始注意到这个概念，但"移情者"这个词，其实很具误导性。虽然有些人的确比平常人具有更强的共情能力，但其实共情是所有人都有的能力。用"超强共情者"来描述那些对他人身上的情感和能量更敏感的人要更加准确一些。超强共情者总是非常敏锐，无论是在身体上，还是心理上和社会意义上。他们走进一个房间时，会觉察到里面的细微差异，表面平静下的暗流以及能量的涌动。他们会在无意识的情况下，"下载"别人的心灵材料到自己的身体里。这种能力听起来似乎很神秘，但只要仔细研究，我们会发现心理学理论可以帮助我们理解它。例如，对情绪传染和镜像神经元的研究就会对我们科学解释超强共情者的能力有所帮助。

容易受到"情绪传染"

长期以来，社会心理学家一直对人们"接收"他人的情绪这一点很感兴趣，他们将这种现象称作"情绪传染"。许多研究都支持这样一种观点，即作为社会人，我们会无意识地模仿他人的情感表达，从而达到具有相同感受的程度。

谈到"移情者"现象，我们的问题是，有些人是不是更容易"接收"别人的感受？根据社会科学研究，答案是肯定的。在两人或多人的互动中，总有一方的情绪轨道更强大，他们能更有力地用自己的情绪感染他人。这些人是情绪的"发送者"。另外，有些人更容易被别人的情绪所感染，他们是情绪的"接收者"。每个人的大脑结构和性格因素决定了谁扮演发送者，谁扮演接收者。发送者往往更有魅力，表达能力更强，更有趣，性格中更具统治力，而接收者通常更关注周围环境中的情感细节。

不过，仅仅自动地接收别人的感受还不能算共情。情绪传染是一个快速的、无意识的、自动的过程，它并不总是有效的。情绪传染的特点是原始、自动、不可控制。它在我们意识到之前就已经发生了，我们可能会拾取他人的心灵材料，但却无法消化、转化或利用它们。而共情却是个复杂的认知过程，需要更多工作。作为一个超强共情者，如果你只是一味被动而不受控制地接受情绪传染，不断吸收他人的情绪感受，你很快就会被压得喘不过气来。为了有效和健康地共情，你需要发展一些技能，如环境观察和情绪调节，这能帮助你超越情绪传染的状态。要达到共情，需要一定的情感全面性、成熟度与实践。这是一种可以学习的技能，且一经磨炼，它便成为社交智慧、获取幸福和天才领导力的基础。

具有高度活跃的镜像神经元

除了社会科学，神经科学也有助于我们理解超高共情者。近年来，科学家们在我们的大脑中发现了一组神经元，称为"镜像神经元"。这些细胞在我们和其他人之间建立起一种神经物理联结，我们在观察别人做某事时，大脑中处理类似事情的区域就被激活了。同样地，只要看到另一个人的情绪表现，我们的身体和思想就会自动对其产生一种共鸣。科学家将这种现象称为"神经共振"或"脑对脑耦合"。镜像神经元的作用非常强大，因为它绕过认知推理，在人与人之间产生直接的神经联结。在育儿、心理治疗和其他需要深度共情的过程中，镜像都是一个关键方面。我们的镜像神经元可能出现过度活跃或不够活跃的情况，这取决于许多因素。神经心理学的研究结果已经证实，人类对彼此的共情程度有所不同，而具有超高共情力的人可能比一般人拥有更活跃的镜像神经系统。

童年创伤的幸存者

导致超高共情力的因素可能是先天的，也可能是后天的。如果你是一位超高共情者，很可能你天生就拥有一个敏感的生理和心理系统，和可渗透的能量边界，对你周围的环境更有情感反应。与此同时，特定的童年环境可能会放大这一特征。如果你成长在一个混乱、暴力、充满虐待的环境中，变得对环境高度警觉可能是你生存下去的唯一方式。在不可预测的环境中，大脑的适应方式是从信息中提取固定的模式。当你不得不与情绪不稳定的父母打交道时，你会变得非常注意他们的能量水平、面部表情和语音语调的微小变化。不经意间，你会训练自己去捕捉他们愤怒时或是即将展开攻击前的最早、最微小的信号。当你的共情直觉被一个不稳定的环境放大时，你会高度警惕和焦虑。甚至在你长大后，不再面临任何危险，一旦房间里的气氛或是其他人的情感基调发生了变化，你内心依然会自动产生一个"战斗或逃跑"的反应，如胸腔收紧，心跳加快，觉得"应该做点什么"等。

如果童年时照顾你的人是个需求过度或者控制欲很强的人，宛如能量黑洞，那么你的能量边界也会被迫退让。情感上不成熟或不健全的父母会害怕不被需要，害怕被孩子抛弃。他们可能会通过情感的流露、制造内疚感或情感操控等不易察觉的方式，来阻止孩子离开自己。在精神分析中，术语"自我边界"就是专门用来描述自我和他人之间的情感和身份区分的。如果你的父母一再闯入你的空间，你就没有机会健康地培养起自己的个性，在精神上与他人区分开。你可能被困在一种叫作"缠结"的家庭动态中。"缠结"的定义是，在一段两个或更多人的关系中，彼此过度参与对方的生活，并在情感上做出反应。在"缠结"的互动关系中，一个人习惯于受到其他人情绪的强烈影响，并自认为对其情绪负有责任。因此，这样的人将很难区分自己的感受和他亲近的人的感受，他们可能会始终觉得自己应当把别人从消极的情绪中拯救出来（我们将在第六章中进一步讨论这样的互动关系）。

"过度兴奋性"与天赋

大多数人大概都不知道，无论儿童还是成人，情绪强烈都是天赋者的普遍特征。看到"天赋"一词，你的第一反应可能是畏惧。在我们的社会中，它有着既定的意义，被许多人误解。在传统定义里，"天赋"的范畴十分有限，通常被限定在智商或者是音乐、体育等传统意义上。然而，还有太多不同寻常的能力是传统观念所没有涉及的。除了超高的智力，许多情绪强烈的人还拥有高水平的人际智能——理解他人并与他人智慧共处的能力、内我认识智能——深刻内省并准确自我认知的能力、存在智能——创造生活的意义的能力，以及与其他有生命或没有生命的事物相互联结的能力。

根据"超脑／超体理论"，认知能力高的人也会有超反应性身体症状，他们的交感神经系统可能会被长期激活。其潜在的可能结果是，这些人的知觉信息到达大脑的速度要比普通人快得多，处理这些信息的时间也要短得多。这导致人在多个维度的兴奋性都很高，这就是"过度兴奋性"。这个词是从波兰语 *nadpobudliwość* 翻译过来的。由于"过度"这个词可能会给人非自然或是不受喜爱的错误印象，我认为更好的翻译应当是"超级刺激"（super-stimulatability）。"过度兴奋"有五种形式：肢体方面的过度活跃、感官感受的过度活跃、想象活动的过度活跃、智性活动的过度活跃、情感或情绪的过度活跃。其中每一种都有助于促进某些特质、优势和品质的形成。

智性活动的过度活跃

　　智性活动的过度活跃会驱使你不断寻求知识和真理。拥有这种特质的人，大脑总是想要去学习、解决问题，去分析和反思。你总是渴望了解更多，你通过阅读、旅行和研究来满足这种渴望。你智力超群，对世界充满好奇，是一个敏锐的观察者。你具有很强的反思性思维与综合理解复杂理论的能力。你是一个独立的、批判性的思考者，不满足于事物的表象。当你还是个孩子的时候你就常常问为什么，还要让你周围的成年人去思考一些他们平常不会思考的问题。不找到答案，你决不放弃。

　　当你对一个想法感到兴奋时，你觉得自己的大脑仿佛不会停止工作。虽然这样的好奇心和求知欲对你来说很正常，但对其他人来说，这看起来像是某种强迫症，令人手足无措。对于那些跟不上你思路的人，你也会变得很挑剔，很不耐烦。你的内省如果与崇高的道德标准相结合，就会变成严格的自我审视。

　　智性活动的过度活跃不仅仅与智商相关。由于驱动你的是对未知的渴望以及对真理的热爱，并不是外部的认可，你在这些智性活动中的收获并不总会反映在你的成就中。

想象活动的过度活跃

　　由于想象活动的过度活跃，你的头脑中满是高度原创、极富创意的幻想。你用图像和隐喻的方式来思考，诗歌和视觉语言对你来说很平常。

　　在孩提时代，你有想象中的玩伴和宠物，总是沉浸在幻想世界或白日梦中。你有一个丰富的内心世界，这是你创造力的源泉，也是你逃避现实世界的避风港。别人可能会觉得你总是羞涩或内向，这是因为你花了大量时间与自己的内心世界相处。

你有调谐的灵性，可以看到或感知到别人看不到的东西。你或许还会有不为其他人认同的理想主义愿景。

情感或情绪的过度活跃

情感或情绪的过度活跃，与高敏感者、超高共情者的表现类似。你能感受各种各样的复杂情绪，甚至达到多数人无法企及的极端程度。这种极端可能是两极的：在一天之内，你的情绪可能从极端的绝望切换到极端的兴奋。你常常与他人的情绪状态保持一致，在群体环境或拥挤的空间里，由于接收的信息量过大，你可能会不知所措。由于高度的共情能力，你会觉得无论身处何种环境，你都必须成为情感的守护者。你会对人、地点、动物甚至物体形成强烈的情感联结和依恋。由于你对事物的感受比你的朋友和伴侣要来得更深刻，你的孤独感永远也挥之不去。

肢体方面的过度活跃

肢体方面的过度活跃，即神经肌肉系统的兴奋性过高。你可能说话、动作都很快，觉得需要不停地运动。你过剩的精力可能会体现为一些小习惯，如敲腿、咬指甲或超快速地讲话。你可能会有一些冲动性行为或强迫性行为（比如整理狂）。你可能还会有失眠或狂躁的症状。由于你的身体因过度活跃而坐立不安，看起来像是多动的状态。孩童时代的你很可能被认为患有注意力缺陷多动障碍（ADHD）。

感官感受的过度活跃

感官感受的过度活跃是指对声音、嗅觉、味觉和触觉的高度敏感。你比普通人更能从视觉呈现、音乐、颜色或其他感官输入中获得巨大的享受。只是触摸一下柔软的表面,倾听大自然的声音或是品尝食物的味道都令你愉悦。在这个世界上,你欣赏别人错过的美,如美术、语言和音乐。

容易受到感官刺激也意味着过多的感官输入会让你不知所措。当你还是个孩子的时候,你没能享受很多"正常"的社交活动,可能这里的灯光太亮,可能那天的休息时间不够,可能那个地方的噪声太大。老师和家长可能会误解你,认为你是在故意刁难。

由于你对感官愉悦有强烈的体验,你也倾向于为自己内心的压力在感官上寻求出口。你可能会过度沉溺于诸如享受美食、性爱和购买好看的东西等感官刺激中。

> 过度兴奋的问题是,你一直处在超速运行的状态。你的大脑总在超负荷运转,你的身体会对周遭的一切做出反应。当你的交感神经系统长期处在激活状态,长期保持"战斗、逃跑或不许动"的状态会导致免疫系统发生变化和慢性应激,影响你的情绪和身体机能。

情绪强烈是一种天赋还是精神疾病

今天，我们生活在一种情感恐惧的文化氛围中，这种文化鼓励压抑情绪，尤其是那些"负面"的情绪。然而，如果你是情绪强烈者，那些惯常的否认、拒绝或压制情绪的策略对你不起作用。当你的朋友告诉你"不要想太多""去喝一杯""别想了"的时候，你并不觉得这些建议对你有任何帮助。心理学一直被定量科学和精神病学所主导，心理健康的定义变得过于看重一个人是否能很好地适应社会规范。由于你的"正常"在别人看来可能是神经质和强迫症，你可能被诊断为抑郁症和焦虑症。在极端情况下，你还可能被诊断为边缘性／情绪失调性人格障碍、双相情感障碍或注意力缺陷多动障碍。

情绪上的失调，从抑郁到过度活跃，一直以来都被我们的文化视作灾难。可与此同时，我们不能忽视这样一个事实：历史上许多著名的创新者和领导者都曾经历过严重的心理动荡和情绪失调。越来越多的研究表明，正是那些被认为是"精神障碍"的特质和行为，与创造力和高成就之间有所关联。

一项临床研究揭示了一个反复出现的模式：低度到中度的抑郁症，特别是在患者的智商高于平均水平的情况下，通常都伴有高共情能力、具有洞察力和创造性的天赋。抑郁症患者的大脑中与利他行为有关的区域——隔皮层／亚属皮层——要比正常人活跃，他们比非抑郁症患者更可能对他人表现出善意。另外还有研究发现了焦虑和感知能力之间的联系，患有焦虑障碍的人更善于解读他人的面部表情，更能准确捕捉到他人的情绪。显然，大脑中造成痛苦感受的那些复杂的联结，很可能也是带来创造力和天赋的部分。作为一个情绪强烈者，你有陷入我们集体意识的黑暗尽头的倾向。但正是你感受这个世界的痛苦的能力，赋予了你深刻的共情能力与强大的直觉。

情绪强烈者的存在危机

在2012年发表于《欧洲精神病学》（*European Psychiatry*）的一篇论文中，学者索博特（Seubert）发现，对于那些天生容易激动、情绪强烈的人来说，传统上对抑郁症的理解和治疗方法并不太适用。他们的抑郁很少是一种纯粹的化学物质上的失衡，而是一种存在危机。它产生于对于生命的意义、正义、独立、死亡以及他们自己在世界上的位置等问题的一种健康对抗。我们应该跳出传统的方法，从波兰精神病学家卡齐米日·东布罗夫斯基（Kazimierz Dabrowski, 1902—1980）提出的积极分裂/良性解体理论（Theory of Positive Disintegration, TPD）的框架来理解他们的抑郁。

在我们现代社会，成功由物质的富足和政治权力定义，这种文化带来的后果，就是培养了"狗咬狗"的心态和激进的个人主义。根据东布罗夫斯基的说法，一个人为了适应这样"原始而混乱"的世界而扭曲自己，要比身在其中感到不安而更加不健康。在这样一个大多数人都被动地接受着社会同化的环境里，那些对现状不满的人就成了"煤矿里的金丝雀"，他们是早于其他人感受到了这个世界的痛苦的十字军战士。

对于情绪强烈的人而言,内驱力来自对现状的不满,以及对传统和社会强加于他们身上的限制的对抗。当然这肯定不意味着光鲜而舒适的生活。作为一个高敏感者,正是由于明知事情可以变得更好,你会痛苦地意识到这个世界、人、机构和制度与理想之间的差距。你对这个世界的虚伪、无常和功能性障碍有着深刻的洞察力,现实和理想之间的差距有时会令你陷入孤独、失意和绝望。在你学会将焦虑转化为改变所需的原料之前,你的内心可能会经历一段痛苦的冲突。你的抑郁不是一种生理疾病,而是体现你创造潜力的一个指标。你所感受到的情绪混乱,是帮助你从心理功能的较低阶段过渡到更高水平的人格整合。在《精神神经病不是一种疾病》(*Psychoneurosis is Not an Illness*,1972)一书中,东布罗夫斯基清楚地阐述了这一点:"如果没有这样一段具有挑战性的经历,甚至是类似神经精神病这样的病症……我们无法让人格的多维和多层次发展达到更高的水平。"

许多伟大的科学家、艺术家和作家,那些致力于"从黑暗中找到光明"的人,都曾与抑郁做过斗争。亚伯拉罕·林肯、温斯顿·丘吉尔、卡尔·荣格、列夫·托尔斯泰、艾萨克·牛顿、文森特·凡·高、路德维希·凡·贝多芬和汉斯·克里斯蒂安·安徒生都是鲜活的例子。他们在各自生命中的某个时期,都曾遭受过身体疾病或精神病症带来的折磨,在这段时间里,他们徒劳地追寻着情感问题的答案。是"灵魂的黑夜"推动他们最终找到自己的人生目标。例如,林肯对自己的抑郁和情绪崩溃的应对方式,是决心必须完成一个比他个人伟大得多的目标。心灵导师埃克哈特·托勒（Eckhart Tolle）在达到精神觉醒前也经历了一段黑暗时期，正是在那段时期里，他找到了一种内心深处的平静感和深刻的活力。对他而言，抑郁是觉醒过程的一部分，它标志着旧我的死亡和真实自我的诞生。

　　提出上述观点的目的不是美化精神疾病。精神病学的理论和药物治疗都有它们的价值，能够挽救生命。但若谈到精神痛苦与创造力之间的关联，盖尔·萨尔茨（Gail Saltz）的研究为我们提供了一个有用的观点。她在《不同的力量》（The Power of Different）一书中提出，与大脑差异有关的优势和能力的表达，存在一个"最佳点"，这个理想范围在大脑功能完全正常与严重的疾病这两极之间。例如，轻度至中度双相情感障碍患者可能比重度双相情感障碍患者更有创造力，一个病情得到良好控制的ADHD患者比一个没能得到控制的ADHD患者更能在职业生涯中取得成就。他们的情绪强烈程度可能表现为某种精神疾病，但还不至于削弱他们将痛苦转化为艺术或其他领域生产力的能力。这种现象与耶基斯-多德森定律相吻合。耶基斯-多德森定律指出，一定程度的焦虑会提高表现（但它存在一个临界点）。该定律已经得到了实证的检验。

　　因此，我们的目标是在尊重我们的强烈情绪的同时，也要学会控制它。如果我们能看穿它的本质并加以利用，它就是我们最好的盟友。

　　作为一个情绪强烈的人，你的生命中很可能存在不止一个解体/重生的周期，而是好几个。你是一个不断成长、寻求真理的人，所以你总是在寻找下一个更好的自己。你总在测试自己的极限，不断拓展自己。你并没有意识到自己这是在做什么，也没有意识到自己的无法妥协背后有一种健康的动力。或许一段混乱又困惑的时期是天生不墨守成规者的必经之路。痛苦、孤独、自我怀疑、悲伤和内心冲突都是意识扩张的表现。你的体内蕴藏着无限的发展潜力，你必须将其释放出来，否则它就会腐烂，由内而外地将你吞噬。存在性抑郁和焦虑可能会反复在你的生活中出现，但每当你走过这段黑暗之路，你都会带着新的秩序、新的见解和新的存在方式从混沌中重生。每走出来一次，你都会感到更有活力，更接近你的理想自我，朝向发挥你的全部潜能又迈进了一步。

从不合群的人到领导者

在这个阶段，你可能仍然会对被贴上"天才"的标签感到紧张，或为别人说你"特别"而感到畏惧。你可能会担心自己的能力并不出众，或担忧你最近的新见解使你与他人疏远。

与其将你的天赋视作一种优越条件，倒不如这么说：作为独立的个体，我们每个人都有一幅独特的人生蓝图。你应对生活的方式是罕见的，它不典型，但你天生如此，你的方式与其他人的方式并没有什么好坏之分。艾伦·沃茨（Alan Watts）说得很棒："在春天的景色之中，没有什么优越之处，也没有什么低劣之分。花枝自然生长，有的短，有的长。瞧吧，从这个角度来看，每个人都应被看作上帝或是宇宙或是任何什么超然存在的完美造物。"

我们今天生活着的世界充满了危机，但也充满了潜在的可能性。人类正呼吁重新定义权力，越来越多的人渴望以同理心为基础的领导方式，而不是被强迫。敏感、情绪强烈，这些以前被认为是弱点的东西，现在是让你脱颖而出的重要品质。丹尼尔·平克（Daniel Pink）在他的《全新的思维：为什么右脑思考者将统治未来》（*A Whole New Mind: Why Right-Brainers Will Rule the Future*）一书中指出，社会已经来到了一个系统化的时代，信息化和自动化正在让位给像直觉这样的新技能。一百多年来，连续的、线性的、逻辑的思维方式受到推崇。但随着我们走向一个不一样的经济时代，世界领导人要成为创新的思想家和共情者。

> 作为一个情绪强烈者，你有潜力成为一个真正改变世界的人。

你的求知欲驱使你质疑、评估和审视现有的系统。你的敏感让你有能力感受别人的痛苦，并看到这个世界需要什么样的帮助。你的学习热情让你在各个领域都拥有渊博的知识；你的想象力赋予你一个"跳出条条框框"的理想愿景；你的精力给予你采取行动的毅力和动力。不要放弃自己的能力，不要忽视自己的天赋，这是最重要的事。若你一出生就拥有敏捷的大脑、强烈的激情，以及看清事物、深刻感受事物的能力，你也被赋予了将这些特质作为礼物加以利用的责任——不仅是为了你自己，也是为了全社会。

当下这个时代，那些情绪强烈、与社会格格不入的人正在崛起成为领导者。这绝非易事，它需要的是坚韧、勇气和敢于面对现实的能力。他们要做的第一步是转变思维模式，不要把自己看作一个脆弱的人，觉得需要保护自己免受世界的伤害。去拥抱现实中的不完美，把注意力转向探究这个世界想要从你这里得到什么。人们可能仍然会伤害你，让你失望，但你可以培养起自己的韧性，在任何情绪中都做一个善良大度的人。你要通过勇敢并真诚地与他人接触来做到这一切，而不是通过隐藏自己。你可以学会在悲伤时温柔，在黑暗中同情，在荣耀时谦卑。

一旦你找到了自己独特的人生道路，发现了自己的独特品质，你就会意识到自己所拥有的天赋。通过给自己找到一个更大的目标，你也会发现推动你前行的力量。即使你现在还没有看到或感觉到，你也要知道，世界正在等着你发光发热。

第三章
与世界不同步

敏感和情绪强烈，意味着你可能具有许多天赋——智慧、直觉、独特的才能和创造力。然而，做一个在别人麻木时依然能有所感知的人，在别人沉默时说出真相的人，或者一个会去深入思考别人看不到的问题的人，会让你成为一个局外人。你或许是一个不合群的人，一个神秘主义者，一个梦想家，而社会环境对这样的人并不友好。

我们的天性中都有原始的、部落化的一面，这一面让人类排斥与自己不同的一切。尽管我们的世界作为一个整体，在弥合各个阶级、性别和种族之间的鸿沟方面取得了巨大的进步，但对于像情绪强烈程度这样神经方面的不同特征，公众还没能意识到，更别提尊重。

我们的社会，依然将与大众不同的个体视为病态。

一个异类出现在身边，会让人们对他们现有的信仰体系产生怀疑，而很多人并未对此做好准备。那些心态更开放的人更容易接受人类的多样性。那些原本就敏感、富有想象力、感受力强的人通常会认同这样一种观点：没有必要所有人都得按照一致的方向去思考、感受和行动。他们可能会比较欣赏高敏感度的人给团队带来的独特视角和能量。可是，我们并不总能掌控自己身边都有些什么样的人。有些人出生在专制、封闭的家庭，有些人可能被送到制度严格僵化的学校，或是不得不在一个有着麻木不仁的、病态文化的环境里工作。

不幸的是，在需要替罪羊的时候，人们往往会选择性格最敏感，最"古怪"的那个人。智力超群的孩子在课堂上迫不及待地喊出问题的答案，会被认为是故意捣乱；他们无法在平常乏味的事物上保持注意力，会被人看作轻蔑挑衅。而作为一个成年人，对知识一丝不苟的追求，抑或只是喜欢独处都可能被误解为冷漠、傲慢，是个"隐士"，甚至临床上的"精神分裂"。

现代精神病学对情绪强烈程度的解释方式也是狭隘的。为了给人们贴上标签并做出诊断，临床医生和心理医生依赖于标准化的手册和严格的规范化程式进行工作。你的高能量可能被解释为ADHD，你的强烈情绪可能被诊断为边缘性人格障碍，你对创造性的执着追求可能被解读为双相情感障碍，你的完美主义被解释为强迫症，你的存在性抑郁被诊断为临床抑郁症。当然了，天生敏感者或情绪强烈者也是可能得病的。但我们要认识到，情绪强烈者即使完全健康，其性格特点也可能会使他们看起来像是患有上述某种疾病。

你或许一次又一次地尝试着融入周围的圈子，却很少能成功。也许在学校里你就想要成为某个受欢迎的小团体的一员，却无法忍受那些毫无意义的闲聊和缺乏深度的虚伪友谊。真正的同伴是很难找到的，你可能就难找到一个让你能自由、自发地分享，而不会被指责"太过了""太快了""太复杂了"的人。在工作上，人们可能会因为你的诚实而感到威胁，你要么让自己闭嘴，要么就得"管理你的管理者"。你可能是家族的耻辱，你选择的人生道路为家人所不齿。在这么多年被医生误诊、被身边的人误解的经历后，想再重新找回自己的天赋可能已经变得很困难了。

以下内容总结了一个情绪强烈又敏感的人在这个世界上要面对的一些挣扎。但在你读下去之前，我还是要先向你强调：尽管被人疏远真的让你很受伤，但这并不是因为你做错了什么，或者你自身存在什么根本性的问题。无论多么想要融入，都不值得你牺牲自己的价值观和正直。你的羞耻感可能已经内化了，但这是错的。这段旅程的目标之一就是找回你的尊严，这样你就不会再被父母、兄弟姐妹或社会的评价和预判所羁绊。

你在这世上的挣扎

性情的差异是家庭生活质量的决定因素。父母与孩子天性之间的"契合度"决定了他们要付出多大努力去好好相处。如果一个孩子情绪强烈，而他的父母或兄弟姐妹都不这样，情况就会变得比较艰难。想象一下，你是一个活跃、热情、情绪化的孩子，却生活在一个父母和兄弟姐妹都是反应迟钝型或是回避冲突型的家庭中，又或者是作为一个敏感的孩子，却生活在大家都很外向、"脸皮厚"的家庭里。

一颗掉落后便远离了树的苹果

在《背离亲缘：那些与众不同的孩子、他们的父母，以及他们寻找身份认同的故事》（*Far From the Tree: Parents, Children and the Search for Identity*）一书中，研究人员安德鲁·所罗门（Andrew Solomon）讨论了直接继承的（垂直的）和独立发散的（水平的）身份认同之间的差异。大多数孩子至少在某些方面与他们的家庭具有共同性：高个子的父母生下来的孩子很可能也是高个子，说希腊语的父母抚养长大的孩子也说希腊语。这些属性和价值观通过DNA和文化范式从父母传递给子女，被称为"垂直身份"。与之相对，当我们拥有一种父母不具备的特质时，它就是所谓的"水平身份"。水平身份可能包括同性恋、身体残疾、自闭症、异常敏感、情绪强烈，在智力上或共情力上格外有天赋等。不幸的是，垂直身份通常受到尊重，而水平身份则往往被视为缺陷。非常规的生存方式常常被贬损为需要治疗的"疾病"。

养育一个与自己的生存方式和需求完全不同的孩子，对父母来说是很困难的。所罗门在描述这些家庭的相处之道时写道："为人父母让我们突然与一个陌生的人建立了永久的关系。"所有的孩子都需要一个善解人意的照顾者，需要他们能感受到自己的情感需求，并对其做出反应。这是儿童心智发展的一个重要组成部分，决定着他们未来的情商和自我调节能力。天生情绪强烈且敏感的孩子会有更高的情感需求，因为他们有一个"敏锐的雷达",可以直观地捕捉周围发生的事,他们可以从微表情或非语言暗示中察觉到父母对他们的忽视。由于他们自身感官的敏锐度,他们需要额外的自我调节支持,才能不被周遭环境的持续刺激压垮。对这些孩子来说,知道如何给他们提供支持的父母才是他们需要的"安全港湾"。即便他们的同龄人拒绝他们,他们的老师误解他们,他们总还可以回到这里,寻求安抚和慰藉。那些养育有情绪强烈孩子的家庭面临着一个选择,他们可以选择拒绝付出,将一切归罪于孩子,也可以选择随情况做出改变,为了他们的体验而改变自己。不幸的是,在当前这种不善于拥抱多样性的文化下,许多父母也受其影响,开始认为孩子情绪强烈不单纯是个问题,还是个人的失败,甚至是耻辱。而父母即使初心是好的,也不见得全都能做到。父母如果不能照顾孩子的情绪,而是表现得冷漠、挑剔,这对所有孩子的心理都是有害的,但对天生敏感的孩子影响更大。

"远离树的苹果"现象不仅适用于父母,也适用于其他家庭成员。研究发现,亲生兄弟姐妹之间在身体特征和认知能力上可能有相似之处,但在性格方面,我们大概只有20%与兄弟姐妹相似。对有些人来说,这可能是一个令人惊讶的发现:我们和亲兄弟姐妹在性格方面相似的概率几乎与陌生人相同。这意味着,如果你生来就情绪强烈且敏感,那么你的兄弟姐妹中出现与你具有相同特征的人的概率很小。如果你是家里唯一的一个情绪敏感者,你极容易就会成为"少数人",成为当替罪羊的绝佳人选。

你的家庭是你在生活中经历的第一个"群体",你在其中的经历会塑造你未来与群体相处的应对方式。依恋理论认为,你早期的经历塑造了你的"内部运作模式",它影响你未来所有与依恋有关的行为、想法和感觉。如果在成长过程中,你在很大程度上被边缘化、被忽视或被当作替罪羊,又或者你总听别人说你在生活中太过苛求,那么成年后你也很难摆脱这种潜意识的预期,认为你到目前为止被告知的或是已体验过的经历,也就是你未来的样子。

正是一个人为了在不适合自己的家庭中生存下来所采取的应对策略,塑造了他的个性。例如,曾经用幽默来应对这一切的你现在走到哪里都是搞怪的开心果;如果童年经历让你学会展现脆弱是不安全的,现在的你就会时刻绷紧一根弦,无法放下戒心;或许年幼时你通过帮助别人、顺从别人来寻求爱,那么现在的你也会同样陷在没有边界感和互相依赖的关系里挣扎。这些模式可能在一段时间里可以帮助你应对,但最终,它们会让你无法好好生活。

成为被嫉妒的对象

虽然有很多关于敏感者的书,但有一个话题很少被讨论到,那就是成为别人嫉妒对象的可能,以及它将给你带来的影响。

嫉妒的心理动因是微妙的,一个嫉妒别人的人可能也无法意识到究竟是什么在驱使着他(她)。事实上,有研究发现,多数人甚至根本就意识不到自己的嫉妒心,而且嫉妒心越强,他们就越有可能抑制它。由于人们通常只会嫉妒与自己拥有相似背景的人,我们最有可能成为同伴或是兄弟姐妹的嫉妒对象。研究还发现,同性之间更有可能产生嫉妒。

你或许惊讶自己居然会遭人嫉妒，但正如我们在上一章中提到的，一个情绪强烈的人很可能具有某些天赋，很多情绪强烈者拥有别人希望拥有的独特品质或才能。例如，那些无法直接表达内心感受的人可能会因为你能讲真话而嫉妒你。可能还会有人嫉妒你的直觉、创造力或艺术天分。

无论嫉妒是否合理，是否正当，它都会发生。你的兄弟姐妹可能会嫉妒你的美貌或智慧，即便这些品质并不是你自己选择要拥有的。你的父母可能会为了维持家庭中力量与地位的平衡而刻意贬低你，这会让情况变得更糟。家庭成员可能会认为你拥有"某种品质"，它说不上来是什么，但可以描述为一种具有穿透力的精神敏锐度。他们可能从你小时候起就察觉到了。你强大的存在会吓到他们，而你生活中的成年人或许会让你闭嘴。他们可能会直接要求你保持安静，或是建议你低调行事，不要与人分享你的想法和积极感受。哈利·波特就是一个这样的孩子，他的童年遭遇说明了一个天才儿童意味着什么，家人恶毒的嫉妒又会给这个孩子带来什么。

研究表明，当人们嫉妒某人时，会在社交上压制他（她）。这就导致了这样一种情况：一个家庭或一个工作团队秘密地或公开地联合起来对抗某一个成员。他们会创造出看似理性的理由来支持这种压迫行为，而这些行为还可能被伪装成"都是为你好"。他们可能会说："为了你好，我们要让你坚强起来。""太敏感了对你没好处。"甚至："我们在帮助你纠正你性格里的问题。"

作为一个高度敏感和情绪强烈的人，很可能你已经适应了嫉妒的威胁。理论和研究表明，如果我们感受到了来自嫉妒者的潜在敌意，却又想要维持这段关系，我们便会不遗余力地尝试降低对方的嫉妒情绪。在我们与家人和同伴的关系中，这两个条件同时满足的情况并不少。在一份关于嫉妒的人类学长期分析报告中，福斯特（1972）提出了一些我们常用的缓和嫉妒的方法。它们包括：

- 隐藏：隐藏我们真实的自己，以及自身的任何优势。
- 否认：避免表现出我们的快乐。
- 补偿：以某种方式给嫉妒者以补偿。

面对嫉妒，另一种常见的反应是姑息。你会尽己所能去取悦他人，不惜一切代价避免冲突。

如果你很小的时候就被告知你的想法和感受是错误的，那么你很可能已经学会了保持沉默。如果每当你表现突出，你就会被压制、被批评，那么你最终会内化这种压迫。成年后，这可能表现为自我破坏行为（例如拒绝升职，放弃一个需要你大声表达自我的机会），或是极端的自我意识或社交焦虑。你原本的个性隐藏在层层焦虑之下。即便你现在想要去充分发挥自己的潜力，走出这些自我限制的自我破坏的循环，你可能也已经不知道该如何去做了。

不受欢迎的信使

情绪强烈的人往往是完美主义者，他们为自己和别人设定的标准都很高，这其中包括道德标准。如果你是这样的人，你会非常诚实，非常正直，经常是第一个注意到不道德、不公正的行为并为之大声疾呼的人。当你面对一个无法忽视的真相而其他人却陷于自满时，你是站出来说真话的人；在不公平的工作环境中，你是那个敢于反抗权威的人；在家庭中，你是那个"实事求是"，说话不拐弯抹角的人。你质疑传统，挑战权威，不是因为你想制造麻烦，而是因为专断的规则对你没有意义。在内心深处，你有一种真诚的渴望，想要用大家需要知道的事实去启发别人，去让这个世界变得更好。

你是一个直觉敏锐的人，所以也会发现常人没有发现的规律。你对别人的内心有敏锐的洞察力，会了解到他们自己都没有意识到的事情。当你年少时，你说的话会让身边的成年人震惊——因为那些话过于真实，令人不适。不幸的是，一件事是正确的，并不意味着它就是受欢迎的，恰恰相反，很多人并没有准备好接受真相。社会科学研究表明，"射杀信使"是一个真实存在的现象。

出于社交的考虑，大多数人选择否认现实，回避那些令人心理不适的事实。当一个道德感强且爱说真话的人破坏了现有的平衡时，他们会将其看作一种威胁。当他们指出一些与人们现有的信念、态度或观点相矛盾的东西时，会导致认知失调，让他们的说法不受欢迎。对于许多跨越时空的梦想家来说，他们的贡献可能需要很长时间才会被人们接受。更不幸的是，有一些人还没能等到那一天便被逐出了群体。如果这种情况在你的生活中反复发生，你可能会开始认为自己有问题，可能也会开始贬低自己的价值。

如果你有过这样的经历，你可能会很难相信自己，但你独特的视角正是这个世界所需要的。你提供的是一种良性变革所需的催化剂。即便周围的人现在不尊重你，你也必须坚持你的价值观和信仰，积极主动地去寻找一个发声的渠道。

这个世界上还有许多人等着和你产生联结，等着发现还有和他们一样的人，等着被你说的话拯救。

你若是让那些轻慢你的人蒙暗了你的光，那便是从那些希望接收你的信息的人手中夺走了他们的权利。哪怕你还不相信自己，也要去相信那些相信你的人。这可能是你必须做的最艰难的事情，但即便别人都不尊重你所认定的真理，你也必须相信它。毕竟到了最后，直到离开世界的那一天都还没有做过自己真正想做的人，这种痛苦要远大于失去大众的认可。

找不到真正的同伴

作为一个情绪强烈者，你可能很难和同龄人真正沟通。你超群的智力，加上精神上的觉知，共同转化成鲜有人及的思考深度和复杂性。你的思维在多个轨道上同时运行，你想得比你说得还要快。当别人无法像你一样快速地掌握信息，或者没有意识到你认为是常识的事情时，你可能就会对他们失去耐心。对情绪强烈者来说，他们需要长期和厌倦感做斗争。即便你是个外向的人，聚会或社交活动可能也会让你感到厌烦，因为在这些场合的对话常常很肤浅，无法满足你灵魂的需要。你可能会有一种非正统的幽默感，在社交场合显得比较尴尬。又或者，当别人没能领会你的意思时，你会感到受伤或失望。你的父母也可能会让你感到精神上的孤独，即使他们完全是出于好意。你的爱人或许也无法让你感受到精神上的刺激。你的沮丧会表现为愤怒，其他人可能会觉得你冷漠或是傲慢。

你可能会开始为自己的不开心而自责。你问你自己——"是不是我太苛求、太不讲理、太傲慢？""为什么我不能降低期望值呢？""为什么我找不到一个和我一样的人？"为了在这个令人不愉快的社交世界中生存下来，你可能会故意让自己的感官变得迟钝。你隐藏起你的这些品质，不再为自己的小怪癖和创造力寻找一个恣意生长的土壤，而是选择戴上面具，假装和其他人一样。可是你很快就会发现孤独感和绝望感非但没有减少，反而日渐增长。

作为一个快速成长的生物，另一个后果就是你总会发现自己的成长速度超过了周围的人。带着强大的自我提升动力，你会以闪电般的速度成长。当你不断拓宽自己心理上和精神上的边界时，你会发现自己不再和童年伙伴、原生家庭或亲密伴侣有任何共同之处。你不断需要对你生活中不再占有同样位置的东西放手，它可能是一个人、一个想法、一个习惯或一个团体。然而，改变从来都不容易。你可能认为离开意味着背叛，而放手意味着自私。但你要知道，放手让你感到痛苦并不意味着你做错了什么。你要怀抱着自我同情，看看是否能轻轻地把悲伤留在心里，不要让它阻止你迈出下一步。通过阅读本书的旅程，我希望你能达到一个境界，从内疚、羞耻或拯救他人的冲动中解脱出来。要相信你正在朝着正确的方向前进，只要你的意图是真诚的，行为是正直的，这个过程就会自动解决它的问题。

不走寻常路

许多情绪强烈的人都走上了一条非常规的生活轨迹或职业道路。"非常规"的意思是不基于传统观念或其他人的一般做法来做选择，而是根据自己真实的需求和愿望。打破陈规意味着坚守你自己的真理，即便它让你感觉到不舒服。

你可能是一个"多才多艺的人"，或者是一个有很多兴趣却没有一个"真正使命"的博学者。你的兴趣广泛，有强烈的学习动力，以及对智力刺激的热爱，在遇到新的追求时，你依然保有孩童般的好奇心。人类社会曾经对这类博学者们大肆赞扬，如列奥纳多·达·芬奇、艾萨克·牛顿、伽利略、亚里士多德和查尔斯·达尔文都是通才型人物。然而，自工业革命以来，传统的观点认为专业化是正确的道路。那些无法在一条笔直的生活轨迹上安定下来的人，在现代社会里会被批评为"不够努力""被宠坏了""以为自己了不起"，或是"不成熟"。

你可能是消费主义世界里致力于精神追求的人，是学术和职业道路上的晚熟者，你可能是个单身妈妈或单身爸爸，一个企业家，一个积极主动的人，一名艺术家，一位隐士，或是流浪者，终身旅行者。你可能选择了一种非传统的感情关系或家庭架构，抑或选择保持单身。换句话说，你选择了一条很少人走的路，不管这是不是你刻意做出的选择——你做什么，你如何生活，你住在哪里，你相信什么，都与主流不同。

逆流而行时，你一定会遇到阻力。这阻力可能是无声的评判，间接的批评，甚至是别人对你善意的建议和施压。正如克里斯·古里博（Chris Guillebeau）在他的《不服从的创新》（*The Art of Non-Conformity*）一书中所说，像"无理的""不现实的""不切实际的"这样的形容词，都是用来边缘化那些不符合传统预期的标准的人或想法的。

走一条传统的道路可以让你轻松融入一个现成的社群，不按常理出牌的人则可能需要努力寻找联结和亲密关系。如果这太过困难，你或许就会被迫放弃你心目中的真实需求，选择一条符合社会一般规范的道路。然而，你真正的欲望并不会就这么消失。在某个时刻，你会听到来自你灵魂深处的召唤，召唤你遵从内心的真实声音。

没有归属感的创伤

长期以来，社会心理学家都将归属感视作一种基本动机，认为它广泛存在于所有文化中的所有人身上。因此，被拒绝会导致一系列心理上的后果。它会影响你的外在表现、孤独感、自尊水平，还会带来抑郁倾向。

作为一个情绪强烈的人，你思维的复杂性和驱动力放大了社交焦虑和过度警惕。当你焦虑时，你对细节的关注，你的完美主义和批判性思维都可能会对你不利。你可能会过度思考和剖析人们与你互动的所有细节，放任自己的挫败感。你还可能成为所在社会团体中的"变色龙",即使这意味着与真实的自我失去联结。研究发现,被拒绝会激活你心里的"监控系统",使你对社交信息格外敏感,比如他人的情绪语调和面部表情。此外,当你被社会排斥时,你的"无意识模仿行为"会增加——这是指你会无意识或下意识地模仿他人的行为。也许在不知不觉中,你以为要是像社会群体中的其他成员一样说话和行事,你就会被接受。你在自己尚未意识到的情况下就失去了自发、自觉地说话和行动的能力。

当被排斥的痛苦变得太过严重时,我们中的许多人会采取麻痹自我的方式来应对。这种机制不仅反映在心理上,也反映在生理上。近年的研究表明,被社会排斥将会激活你大脑中对身体疼痛做出反应的脑区。令人惊讶的是,一项又一项的研究都发现,被社会排斥会导致身体对疼痛的敏感度降低,而不是增加。在动物世界中也有同样的发现:动物研究表明,各种动物对社会孤立的反应,都包括对疼痛的敏感性降低。这种对痛觉的麻木可以延伸到情感层面,所以或许能帮助你在开始阶段暂时摆脱找不到归属的痛苦,但从长远来看,它会导致你处于一种长期的社交分离状态,令你感到昏昏欲睡、空虚、缺乏活力。

不合群也没关系

接受自己的不从众,或许是你能做的最深刻和最强大的思想转变。

你这一生都在努力"融入"，但如果你内心深处最需要的其实是真实，而不是虚假的归属呢？你或许一辈子都认为自己的与众不同是有问题的，可如果你其实是个鼓舞人心的人呢？我们不再生活在所有人都是同类的部落或村庄，我们都不可避免地要去面对社会的多元。通过尊重自己的癖好并且表现出自我接纳，也是给别人做出同样选择的机会。

也许不论如何努力，你在这个世界上的地位永远处于边缘。一旦涉及社会规范和大多数人都在做的行为，你永远也无法完全"适应"传统的环境。当你接受这一事实时，你会找到平静，感到巨大的宽慰。毫无疑问，做一个不墨守成规的人是很有挑战性的，但仅仅因为大多数人和权威人士不接纳你，并不意味着你有什么问题。是的，你不一样，但这并不意味着你是坏人，你有错，你有缺陷。你会被误解和边缘化，但这并不意味着你的价值观和你这个人在任何方面不如别人。

你需要持续不断地努力，才能磨炼出在别人的批判中生存的能力。你需要学会坚定地爱自己，坚定你的核心价值观和信仰，并拥有一个由能够看懂你和接受你的人组成的核心社交圈。有些时候——尽管不总是如此——做真实自我的代价就是要接受你不可能取悦所有人的事实。你可能会招来恶毒的嫉妒、负面的预估和对你的批评。然而，如果谨慎行事成了你生活中的首要目标，你可能会扼杀自己的潜力。在你为了求取别人的接受而压抑自己的灵魂之前，要想清楚什么才是对你真正重要的。

生命是有限的，而当你的生命结束的时候，真正重要的人并没有几个。你真的需要竭尽全力去取悦身边的每一个人吗？

第三章 与世界不同步

也许你无论走到哪里都体会不到家的感觉，可能你真正的"家"不是你出生的那个家，不是你成长的小镇，也不是你现在生活的大城市。你真正的"家"不是某个特定的人，不是某个团体，也不是某个地方，而是你在智力、情感和精神上联结的"会面时刻"。它超越了物理的、生物的或者你所能看到的。它是当你的灵魂与一篇文章、画作或音乐共鸣时的感受；是你受到启发、产生转变、自我提升之时的感受；是你从一个比自身大得多的源泉获得输入时的感受；是你自由地、毫无歉意地表达自我之时的感受。

接受自己"不正常"这件事，起初可能会让你难过，但藏在悲伤之下的，还有解脱——你终于可以不再试图去做那个不是自己的人，也不再需要扛着虚假印象这个沉重负担生活。在这样一种新的状态下，当你只是你自己的时候，生活会给你带来什么呢？这样的你会吸引一些什么样的人，你会找到怎样的可能性？只有重新找回真实的自我，你才能踏上一条找到真正归属感的道路。你终于可以不用假装成什么就会被接受，可以尽情发光发热而不用担心被报复。是时候让你的情绪和兴趣自由生长，是时候充分欣赏自己的能力，接受自己独特的兴趣，让自己待在真正的"家"里。如果你能找到自己内心那个真正的家，你将永远不会无家可归，永远不用担心被流放，被背叛。

在接下来的章节里，我们将针对生活的不同场景给出更具体的建议。第五章探讨的是怎样解决家庭生活中的挑战；第六章聊的是怎样面对亲密关系中的挑战；而到了第七章，我们一起来看看当你的同事不理解你的时候你可以做些什么，以及如何消解不合群带来的痛苦及其后果。

第二部分

从隐藏自我到绽放自我

第四章

与自我的关系

对那些天生不合群的人来说,找回真实的自我是一趟必经的旅程。你天性中的强烈情绪与敏感特质,是非常强大的天赋,可要是没能得到应有的理解与支持,那些不合时宜的言行举止可能就会给你带来很多羞耻的经历。如果你的父母、老师或身边的同龄人没能对你性格里的"小古怪"给予足够的耐心,抑或动辄对其否定批评,也许你就会觉得是自己做错了什么,你会认为无法融入人群意味着你有问题,认为需要改变的是你自己。要是一直这样下去,你的激情终将被浇灭,你也将失去与真实自我的联结。然而,总有那么一天,你会感受到来自自己内心深处的召唤。触发这召唤的可能是你人生中的某个重大转折,如搬去一个新的国家,生了一场重病,职业生涯的结束,或是失去你心爱的东西或人。这个转折的时刻让你意识到,仅仅活成配偶、父母、朋友或社会认可及期待的样子是不够的,你必须找回你灵魂中极富直觉和共情力的部分。在这一章里,我们将引领你经历这一自我转化的神圣过程,从一个强迫自己去适应社会的人,变成一个能够真正找到内心归属感的人。

做回真正的自己

在童年时期，你需要安全感，需要竭尽所能确保自己不被遗弃。离开父母你将无法生存，所以你必须取悦他们，为了规避一切可能导致自己被抛弃的风险，你甚至要压抑自己的真正需求。到了青少年时期，你开始追求归属感，这意味着你要适应这个世界。这时你努力不让自己成为人群中被欺凌、被戏弄的那一个。成年后，你是"变色龙"，为了适应环境而改变自己的颜色，你让自己变成一个有用又高效的人，这样才能被看见。你变得高度警觉，人际交往中的一点点负面反馈都可能成为你调整自己的理由。在过去，你的活力与热情换来的却总是别人的不理解或是疑惑，这些经历让你明白，分享可能只会让你更加孤独。你取得任何一点突出的成就都会被打压，久而久之你学会了不再志存高远。对你来说，机会变成了威胁，为了不让别人毁掉你，你可能会提前毁掉你自己。

你以为不做出头鸟就可以自我保护了，但压抑自己的灵魂可能是一件代价巨大的事。你可能做着一份足够保障自己物质生活的工作，却不得不放弃了天性里的创造力；你也可能受困于一份非常现实却毫无灵魂交流的感情，没有办法解脱。你的内心深处充满了矛盾，想不明白自己到底是个什么样的人，想要些什么。你感受不到快乐和愉悦，每天早上醒来总觉得生活没有动力，内心一片空虚。你就像一头试图驯化自己的野兽，为得到众人的认可而压抑着心中丰沛的情感。可在内心深处，你知道你并没有完全发挥自己的潜力，在浑浑噩噩中放弃了充分体验生活的可能，这让你感到愧对自己。

真实自我与虚假自我

"真实自我"和"虚假自我"的概念是由英国精神分析学家D. W. 温尼科特（D. W. Winnicott）在1960年首次提出的，目的是用来解释我们如何为了生存而放弃了真实的自我。你的"真实自我"是你最天真、最自然、最富有创造力的自我，是在你的幼儿时期，在一个值得信任的人面前感到安全，并自由地表达自己时的状态。相反，"虚假自我"是一种防御性的假象，是你为了满足父母、他人和社会的要求而创造出来的东西。你伪装成这个样子，起先是为了达成自己的需求，但当你伪装得太久，最终也就只有你自己知道这只是个表象了。花费太多精力来塑造这个虚假自我的后果就是，你在身体上和心理上都为此感到不适。当你的外在自我随波逐流，你的内在就会沉默地偏离。如果你不解决这个问题，这种潜在的反抗将会反噬你，并终将爆发。这就是为什么你有时候会做出具有爆炸性和破坏性的行为，却自己也不明白是为什么。

和温尼科特的"虚假自我"概念类似，卡尔·荣格用"Persona"一词来描述我们在前半生中建立的自我身份。"Persona"在拉丁语中是"面具"的意思。它是你与外部世界之间的媒介，是你真实的自我与社会的许多"应该"之间的妥协。虽然在你的私人生活和社会化的自我之间有一些不一样并不是什么问题，但这样的你是在冒着与你的面具完全融合的风险。就像一条鱼因为待在水里而看不见水，你也无法辨别自己潜意识中那些支配生活的价值观、各种信条和文化规则。你看不到自己在一条不属于自我的道路上投入了多少，体面的工作，看起来光鲜的恋情，讨人喜欢的"外向"性格……为了维持这样的表象，你压抑愤怒，拒绝快乐，最后，甚至连你的自发性和创造力都被藏了起来。

还好，你的灵魂或许被屏蔽了，但它并没有消失。

你的强烈情绪并不会因为你的家庭、学校和社会习俗的忽视而消失。你可以花很多精力来打造你的盔甲，但最终你的真实自我会唤醒你，甚至是在你意料不到的时候。荣格发现，人们在生命的中间阶段经常遭受焦虑或抑郁的折磨（对那些"阅历丰富的灵魂"来说，这一阶段可能是二十多岁到五十多岁之间的任意时间段），因为他们"厌倦了正常化"。若你无法再隐藏真实的自我了，这其实恰恰标志着你在走向健康。

旧我的死去

重新找回敏感和强烈的情绪是你从隐藏自我到绽放自我的第一步。在所有的转换中，你都需要释放旧的东西来为新东西腾出空间。你的虚假自我必须在真实自我重生之前"死去"。一同"死去"的可能包括一些人际关系、你的头衔和职业道路。你还将需要放弃长期持有的信念、关于未来的想法，以及你对自己的认识。

随着对旧自我的放手，你进入了一个混乱的"阈限空间"——

一个过渡的中间地带。神秘主义者称这段时期为"灵魂的黑夜"["十字架上的圣约翰"（Saint John of the Cross），2007]。在这个令人不安的时期，你从家庭、教育和社会秩序中学到的东西，都无法再经受你的质疑。看起来"正常"的一切似乎越来越虚伪、不足或是不道德。你以前的内在驱动因素——对生存的恐惧、对证明自己的需求、对外界认可的依赖——全都消失了。其他人可能不会理解你的变化。因为你生活在一个总在强调前进、奋斗与生产力的文化中，脱离这些自我驱动的理想化因素会让你被孤立。若是要试着通过传统的智慧或是从别人那里接受传统的建议来解决这个挑战，你会发现那些旧有方法都已经不起作用了。

随着旧自我的死去，你可能会在库伯勒·罗斯于1973年提出的"悲伤的五个阶段"之间来回循环：否认，愤怒，妥协，消沉，接受。

- 否认：我确信我没有那么不一样。别人能做的事情我也能做。就像我父母说的，也许我还不够努力（去尝试变得更合群）。
- 愤怒：为什么是我？为什么这对别人来说那么容易，对我却这么难？为什么我这么努力却还是没能达到我的目标？生活太不公平了！为什么整个世界就不能多一点理解呢？
- 妥协：让我再试一次变得合群吧。我要试试这个办法，还有那个办法。
- 消沉：改变是没有希望的。我就是个不合群的怪人。我永远也不会感到快乐和满足。我为什么要自找麻烦？
- 接受：我就是我。虽然我有时候比别人情绪更强烈、更敏感，这非常不容易，但我相信，只要诚实面对自己，我就能让正确的人、合适的职位和好的事情都出现在我身边。

两种恐惧

在找回真实自我的路途上，就在你即将取得突破的时候，可能会有两种类型的恐惧成为你前进路上的阻碍：对过去的恐惧和对未来的恐惧。

对过去的恐惧让你害怕展现出真实的自我，因为你害怕过去再重演。这正是传统心理疗法对焦虑本质的解释。或许你的活力勃发曾经被父母无视，他们甚至可能因此惩罚过你；或许比同龄人更耀眼曾是你被欺侮和霸凌的理由，被羞辱的你却没能找到言辞反击，这份创伤从此深埋于你的心底。而现在，当你想要面对真实的自己，过去被排斥的恐惧和那份深深的无力感便如龙卷风般卷土重来。

另外，作为一名存在主义者，未来广阔的可能性让你害怕。要是能允许自己遵从内心的声音去生活，跟随兴趣的指引，任由强烈的情绪自然释放，将有多少新的机会出现在你的眼前？光是想想，就已经有些难以承受了。用哲学家萨特在1957年说过的话来讲，你害怕"可能性带来的眩晕"，那样的兴奋感让你几乎无法承受。这乍一听似乎很矛盾——自由怎么会让人担心呢？因为自由同时也意味着责任。承认自己有选择的权利，也就意味着你要对自己的行为负责。你必须非常成熟地做出自己的选择，全心投入你所选定的生活轨迹，哀悼你为之而放弃的东西。这并不是一件容易的事。

来自社会的压力也让这个改变的过程更加艰难。常见的情况是，每当你朝真实的自我迈向一步，却总会被你的家人或社交圈里的人所无视，他们也可能看不上这种改变，甚至批评指责。真相让他们倍感威胁，因为那暴露了他们在自己的生活中没能面对的某些东西。你的觉醒威胁到了现有系统的稳定性，不管有意还是无意，人们总习惯于让事物保持原来的状态。

在这两种恐惧的威胁下，某种虚假的确定性仿佛成了你的救命稻草，为了逃避空虚感，你也许会重新躲进旧的防御机制下。

当解放真我的大门在你面前打开的时候，如果不敢去相信，去把握，你错过的将不仅仅是这样的一次改变，还有生活本身。

给你的邀请

在你充分发挥自己潜能的过程中，精神上的混乱也是一个必经的过程。许多伟大的艺术家和思想家都走过了这一步才找到他们的价值，在这个世界上留下各自独有的印记。卡尔·荣格从自己痛苦的个人经历中发展出了他的个性化理论。作为瑞士归正会牧师的儿子，他生长在一个信仰宗教的传统家庭，但他很早就发现自己根本不信那些教义。因此，他不得不开辟自己的道路。后来，当他与挚友和导师西格蒙德·弗洛伊德意见相左时，他又这样做了。鉴于弗洛伊德在20世纪20年代的崇高地位，荣格的行动需要巨大的勇气和力量。

约瑟夫·坎贝尔（Joseph Campbell）在其开创性著作《千面英雄》（*Hero with a Thousand Faces*）中指出，世界上所有伟大的神话都有非常相似的情节主线，他将之总结为"英雄之旅"。所有的英雄在追求深刻意义的旅程中，首先都要离开他们熟悉的世界。在他们的故事中，有一个关键的时刻，让他们处在孤独中。他们也许起初被排斥或拒绝，但最终，正是他们强烈的反抗意愿，治愈了这个世界集体性的病态、麻木和盲目。正如赫尔曼·黑塞（Hermann Hesse）所说："我的故事并不令人愉快，不像那些虚构出来的故事一般甜美和谐。它尝起来有愚蠢与困惑，有疯狂与梦幻，就像所有不想再自欺欺人下去的人的生活一样。"

混乱是你成长的一部分。当你感到焦虑或沮丧时，不要轻易相信自己生病了。你可能正处于觉醒的边缘。

在黑暗的森林里，勇气对每个人都有不同含义。对别人来说简单的事情可能需要耗费你巨大的能量。你可能不喜欢眼下发生的事，但你可以努力接纳，让这改变慢慢到来。成功属于那些有能力驾驭随变化而至又不可避免的风浪，并依旧岿然不动的人。无论放弃这个选项是多么诱人，你都不能麻木，要将所有的情绪当作你自己的朋友，当然也包括悲伤、失望和愤怒。它们不是你的敌人，而是你心灵的使者。你只要坚定地坚持下去，并保持开放的心态，生活自然有对你说话的时候。

你还必须做到有耐心和自我同情，不要因为正在发生的事情或已经发生的事情而责备自己。你的心里有个声音很希望你更早采取行动，但是，正如自然界的一切事物一样，你的人生道路必须有一个周期和季节的轮换。你到目前为止所做的一切都是一次有价值的探索，它为你的成功奠定了基础。你不可能提前预测自己的成功，也无法在准备好之前起跳。你一直都在做"正确的事情"。

把这个转变看作你重心的转变——从做事到做人，从物质到精神。你重新审视了自己的生活，走向内心的城堡。当你意识到世界的虚妄时，你便成了一个具有独创性的思想家，用自己的方法来解决世界上的悖论。你与周围的世界的冲突是富有成效的，它带来的结果就是一种令人耳目一新的独立、完整的感觉。当你守住内心的真实自我时，你也解放了自己，让自己可以通过语言、艺术、有意义的家庭行为或社会行动来展现你的天赋和才能。活出真实自我并不意味着自恋——事实恰恰相反。要活得真实，你就必须保持谦逊。你不再专注于让自己变得更受欢迎，而是要为其他情绪强烈又敏感的人树立起一个榜样，这是一种非常高尚的行为。你勇敢的举动会鼓励其他人也做同样的事情，这让你追寻真我的旅程非常有意义，也超越了个人的得失。

你可能无法从身边的人身上获得指引，于是不得不通过阅读书籍和人物传记来寻找灵魂伴侣，并跨越时间和空间从志趣相投的人那里学习。你还可以通过写作、写日记、创作画作或音乐来进行心灵上的沟通。最终，你将学会依靠自己来安慰、滋养自己的灵魂。即便在你周围没有和你完全一样的人，你也可以成为自己的盟友。

我想以一个邀请来结束本节：请你从不同的角度来看待你的情绪危机，并学会尊重你已经存在的"黑暗面"。尽管这是一段危险的旅程，但还是值得的。你的怀疑时刻正是你成长的关键时刻，你要么给自己一个机会重新找回那个情绪强烈的、敏感的自己，要么继续生活在谎言中。如果你能坚持下去，坚持走自己的路，你就能深入自己的心灵深处，与你真正的本质重新建立联结。从一个对你某个部分不认可的人那里，你不可能找到真正的归属。通过整合你内心所有的情绪，包括之前让自己深深拒绝的愤怒、悲伤、创造力和活力，你才能成为一个完整的人。当这场混乱结束时，你会发现你与生活、自己、其他人之间的亲密度达到了一个新的高度。

反思练习：你自己的悼词

"Memento mori"是一个拉丁短语，字面意思是"记住死亡"。它是一种让我们思考自己的死亡，以及人类生命的短暂和脆弱的练习。乍一看，这似乎有些自相矛盾，但对于人类历史上那些圣人、哲学家和艺术家来说，死亡冥想是一种经过长期验证的、真正的解药，可以治疗我们的许多痛苦，包括死亡焦虑本身。

记住我们的时间是有限的，这有助于我们活在当下，重新聚焦在自身最核心的价值观，促使我们放弃那些对本质上微不足道的、并不长久的事物的执着。古代斯多葛学派的哲学家们用对死亡的冥想来激发勇气、谦逊、节制等美德。在这个联系中，我们鼓励你去思考自己的死亡，这将让你能够专注和利用你所拥有的最美好的东西——生命的馈赠。

确保你至少留出一个小时的时间来做这个练习。找一个安静的地方，确保自己不会被打扰。先闭上眼睛，做几次深呼吸。

想象你已经走到了生命的尽头。出于某种神奇的原因，你可以亲眼观看自己的葬礼。想象一下它的样子。它会在哪里举行呢？是室内还是室外？都会有谁在那里？看看他们的脸，他们脸上的表情。你的葬礼可以有很多人参加，也可以只有几个人，这都没有关系。

现在，想象一个和你很亲近的人站起来告诉别人他（她）对你的印象。他（她）会谈到你是个什么样的人，你的立场，你的生活，你走过的道路是多么独特，你给周围的人带来什么样的感受，以及你给这个世界带来了什么。

在这个练习的第一部分，为你自己写一份悼词，就好像你的生命在今天结束一样。想想你过去见过的人，他们可能会如何形容你呢？花点时间庆祝一下你迄今为止所做的一切，同时也想一想，如果此时此刻离开这个世界，你还有哪些没有实现的希望和梦想。请你尽可能诚实，即使有些真相可能会伤人。

接下来，想象时光又过去了几年，你去世时的年纪稍微大了一些。这一次，按照你理想的方式写下自己的悼词。想想你留下了什么，想想你为这个世界创造了什么，想想你体验过的生活，你所有的贡献。怎样才算过好了一生呢？你希望人们因为什么而记住你？你能用几句话来概括吗？

尽可能多地去思考世俗成就以外的东西，关注你希望表现出来的品质与价值观。

现在,再读一遍你写下的内容。
- 有什么让你吃惊的吗?
- 这个过程揭示了你的内心世界,以及所展示出来的外化世界中的什么?
- 你对自己的价值观和优势了解多少?
- 这个练习的结果对你今天的生活有什么影响?
- 当你像这样看待事物时,你会选择放下当前的哪些担忧、顾虑或困扰?

最后,把你写的悼词放在一边。请根据你的日记,思考并回答如下问题:
- 在我最天真、最信任别人、最顽皮、最随心所欲的岁月里,我喜欢什么?
- 在过去,我的天真都让我受到了什么样的伤害?
- 我是从什么时候开始筑起心墙的?
- 安全对我来说意味着什么?
- 权力对我来说意味着什么?
- 传统和文化的包袱如何影响了我的生活?
- 哪些内在规则可能在不知不觉中支配着我的生活?
- 我突破了哪些社会限制,并因此受到了哪些反弹?
- 此刻,我的灵魂是否在敲打我的良心?是不是有一个高声喇叭在我的内心深处呼号,而我却假装没有听到?
- 我有什么独一无二的天赋?

- 如果我告诉全世界我有这些天赋，最坏的情况是什么呢？
- 如果我对自己完全诚实，我必须放弃哪些人际关系？
- 如果我对自己完全诚实，我可以迎接什么样的机会？
- 在我人生的这个关键时刻，有什么事物让我悲伤？有什么值得我庆祝？
- 我的核心价值观是什么？不管外部环境如何，我内心的什么东西始终不变？
- 哪些想法或是固化的思维模式已经过时，可以放下了？
- 我现在可以遵循哪些新的信仰或价值体系？
- 如果我只能再活10年、5年、1年，我想要改变什么？

你应该控制自己的情绪吗

情绪强烈并不意味着情绪不稳定，但如果你还没有学会控制自己的情绪，你可能会被每天不断出现的复杂情绪所淹没。强迫症发作、恐慌发作、羞耻感，或是对于被抛弃的强烈恐惧会在任意时间出现在你身上，打你个措手不及。在某些日子里，可能你都不知道为什么，却会在早晨与这些"不受欢迎的客人"一起醒来。

长期以来，你一直认为你要"控制"或者掌控自己的情绪。你可能已经四处寻找过压制愤怒的策略，帮助你减少焦虑的行为，或减轻抑郁的兴奋剂。可其结果却是，你要么变得麻木和游离，要么开始不断与自己的思绪做斗争。当你在这两个极端之间摇摆时，你很难找到一个平静的中间状态。

在这一节，我们一起来看看当你处在复杂和动荡的情绪状态中时，你可以做些什么。你会意识到，尽管无法控制自己内心涌现出来的思想、感觉和情绪，但你的确可以选择如何和它们相处，如何处理它们。通过与你的情绪建立起一种健康的关系，你可以驾驭激情和平静之间的波动，而不是陷入麻木与混乱。

感觉良好才可以吗

我们生活的现代社会，培养出了一种"感觉良好才可以"的文化。从小时候起，父母就要求我们"安静，不要哭"，在公共场合表达愤怒或悲伤是令人羞愧的行为。环顾四周，杂志和书籍中充斥着如何"控制愤怒"或"摆脱悲伤"的建议。

无论走到哪里，我们接收到的信息都是：有些情感是需要克服的缺陷，或者是长大后就应该消失的不好的东西。在医疗体系中，要实现心理健康，就要给某些人贴上"××障碍"的标签，给他们开药抑制情绪。一些心理医生鼓励他们的病人将情绪区分为理性与非理性的，然后试图对它们施加控制。更糟糕的是，当我们被告知要消除某些情绪却无法做到时，最终会陷入自责和痛苦的循环。这样做的结果就是，我们在与自己开战。

最新研究发现，"感觉良好"这样的思路会让问题变得更糟。越来越多的心理学家和心理医生意识到，痛苦不是来自情绪痛苦的体验本身，而是来自我们想要避免它的尝试。事实证明，与其试图让不愉快的感觉消失，不如通过学习与其相处，最好是友好地相处，来获得心理和身体上的健康。这种认识引发了认知行为疗法的"第三次浪潮"，涌现了诸如"接受和承诺疗法""辩证行为疗法""同情疗法"和"正念认知疗法"等一系列治疗方法。在这些治疗方法中，心理学界引入了正念、接受和同情等元素，治疗目标不再是逃避令人不快的想法和感觉，而是以一种非批判性的、积极的方式与它们共存。

如果到目前为止，你尝试过的所有办法都不起作用，那么是时候尝试一种不同的方法了。对于一个情绪状态丰富而动荡的人来说，"忽视和压抑"的传统建议很少能帮助到他们。正如你现在可能已经意识到的，一旦涉及情绪，无论你如何努力，都无法逆势而行。学会接受你的情绪流动，并与之成为朋友，这比不断地与之进行拉锯战要可持续得多。

怎样与你的情绪相处

在面对具有挑战性的情绪时，你的反应是要么逃离它们（通过抑制、压抑、游离或精神回避），要么过度分析它们并与之开战。从长远来看，这两种方法都不会奏效，因为只有当你在投入和游离的矛盾间自洽而不诉诸极端时，才能找到真正的幸福。根据这个新方法，你的任务不是摆脱你的情绪，而是为它们腾出空间，让自然的生理-心理过程在不受太多干扰的情况下自然而然地发生。这样，你可能会发现，当你感到不知所措时，你的情绪会自然而然地平静下来，不至于遇到太大的阻力。

记住你并不是你的情绪

首先，记住你是谁总比你的情绪更重要（图形背景理论），这将防止你被你的情绪吞噬。我们用语言表达情绪的方式并不总是对自身有所助益。我们说"我生气了"或者"我难过了"时，就好像我们和那种情绪融合在一起，成为一体。但你不是你的情绪，你是那个注意到它们、将它们提取出来、观察它们、见证它们的人。你的情绪是真实的，但它不是事实。它们不会定义你，不会以任何方式束缚你、拴住你。情绪流经你身体各处，但你并不陷在其中。你是谁——这比你在任何特定时刻的任何想法、情绪或感受都重要得多。关注自身感受的方法不是通过沉浸其中或认同它们，而是像看电视剧一样观看它们。你需要与你的情绪保持健康的距离，而要达到这个目的，你首先要做的是改变自己说话的方式。试试下面的说法：

- 我注意到了愤怒的情绪。
- 我看到恐惧正向我走来。
- 我意识到悲伤正在穿过我的身体。
- 我能体会到此刻的焦虑。
- 我能感觉到羞耻正在我的身体里，要将我淹没。

通常情况下，以下视觉隐喻有助于改变你的自我感知和情绪之间的图形背景关系：

- 想象你自己是天空，情绪是天空中掠过的云。
- 想象你站在一个火车站，并不需要看到每趟火车都上去。如果这些情绪不能把你带到想去的地方，你可以让它们就这么开过去。
- 把自己想象成深沉平静的海洋，而你的情绪就是波涛。无论海面上多么波涛汹涌，你都享受着海底的平静。

感受你的身体

了解情绪如何在你的身体中运作，这将帮助你保持参与度，却不至于与它们融合。为了提醒自己某种情绪存在的短暂性，你可以学会注意它的流动。情绪不是静止的"东西"，它是移动的能量。它们从来都不是静止的，而总是以新的形状、感觉和声音出现。当你意识到它们的存在时，它们已经要离开了。

当某种情绪穿过你的身体时，问自己以下问题：

- 它在我身体的什么地方产生感觉？（如果你的身体感觉麻木也没有关系，你可能用同样的方式关注这种麻木感，而不必试图改变它）
- 它会四处活动吗？还是停留在你的某个器官或肌肉中呢？
- 这种感觉是热的还是冷的？
- 如果它有质地，它是软的还是硬的？
- 如果它是由某种材料制成的，它会是什么？塑料，金属还是木头？
- 如果它有颜色，会是什么颜色？

- 它是静态的还是不断变化的?
- 它在收缩还是在扩张?
- 如果这是一种痛苦的情绪,你会如何描述这种痛苦的性质?它是像脉搏般跳动,还是想要射中你?它是钝的还是锋利的?

放眼大局

从更广阔的视角来看我们情绪的触发点和情绪本身,能够自动改变我们与它们的关系。当不愉快的事情刚刚发生的时候,它们对我们来说总是非常重要,但如果我们把视野放大,从外部视角来看待问题,就会发现自己的担忧是多么的短暂和微不足道。正如斯多葛派的哲学家马可·奥勒留(Marcus Aurelius)所说:"你看到的一切都在一瞬间发生了变化,很快就会消失。记住你已经看到了多少这样的变化。"[《冥想》(*Meditations*),4.3.4]

当你经历痛苦的情绪时,在时间和空间的维度上扩展自己的视角——思考你的整个生命在时间线上的延伸,而眼下的这一刻相比之下是多么短暂。想象你飞到了云层之上,想象你作为一个人在这个世界上、在这浩瀚的宇宙中是多么渺小。

作为一个心理提示,你可以对自己说下面的话,或者问自己以下问题:

- 转瞬即逝的感觉不能定义我,我比这可要宽广得多。
- 无论我现在感到多么难过、生气、害怕或恐惧,很快都会过去的。

- 不管我内心发生了什么，世界都会一如既往地继续运行。
- 我不是唯一一个有这种经历的人，在某个地方，总会有某个人也有同样的感受。
- 十年后，回首往事时，我会对今天发生的事情有何感想？

与你的感受对话

你的情绪不是你的敌人，而是从你的内心深处前来送信的信使，它们是要来告诉你一些你需要知道的事情，或是促使你采取一些行动。例如，愤怒是在告诉你，有人越过了你的边界；焦虑是在提醒你什么对你是重要的，并敦促你采取行动；悲伤帮助你卸下盔甲，让你重新触摸到自己温柔的心。你或许不欢迎这些信使，但你可以尊重它们。和你解决其他冲突时所运用的方法一样，你可以坐下来，与你的感受进行和平谈判。当一种感受出现时，放慢你的呼吸，腾出一些空间，开始和它对话。

想象你的情绪是一个人，他（她）可能是个男孩、女孩、男人、女人，还是一个没有性别的野性灵魂呢？想象一下他（她）的样子，他（她）穿着什么衣服？脸上有什么表情？带着耐心和好奇心，以接受的心态与"和他（她）在一起"的态度去接近这个人。你想知道他（她）的真实姓名，于是轻轻地问："你叫什么名字？是'焦虑'吗？还是'伤心''恐惧''悲痛'？"

你可以问他（她）下面的问题：

- 你是想告诉我忽略了什么吗？
- 是不是我设定的边界在某种程度上被破坏了？
- 过去有什么事情是我需要克服的吗？

- 你是不是在告诉我，未来我需要做些什么？
- 我是不是和我亲近的人之间有什么未了之事？
- 我是该去寻找独处的空间，还是去寻求外界的支持？
- 我在评价自己和他人的时候，是不是还可以更仁慈、慷慨一些？
- 如果我现在要做一件对现状有用的小事，那会是什么？

做完以上这些，你就可以感谢你的情绪给你送来的消息。请放心，你已经得到了你需要的信息，现在可以记住教训，但要放下情绪本身。由于这个情绪已经完成了它的使命，它或许会毫无抵抗地离你而去。

放下想要控制的执念

在情绪的原始形态中，它们总是如波涛般出现，但不会持续很长时间。研究大脑的科学家指出，如果我们不用脑中的故事为它们补充能量，情绪的生理体验会在90秒内消失。你越是试图为一种情绪找理由，越是想要去挑战和摆脱它，就越是在脑中创造"故事"，重新激发它。这样做的时候，你仿佛是在一次又一次地触发它，反复给自己带来同样的感受。

当某种痛苦的情绪在心中升起时，生活邀请你放弃一切"应该"如何的偏好，放下"感觉良好"的期望，面对现实，面对这种情绪的存在。把你的情绪反应想象成一片泥泞的沼泽。它就像是流沙，你越想逃离，反而陷得越深。反应性的和激动的行为不仅会让你陷得更深，还会让沼泽越变越大，让你更难回到它周围的坚实地面。要想从沼泽中逃离，你需要缓慢、沉静、耐心、警惕。这不是要你不采取任何行动或是逃避责任，而是告诉你要采取明智的行动。如果你有足够的勇气放下控制的执念，你会惊喜地发现，暴风雨过后，一切终将归于平静。

拥抱事物的两面

当下，很多人奉行享乐主义，但把"享乐"作为我们生活的首要目标只会导致永无止境的徒劳和一次又一次的失望。快乐只是一种短暂的状态，生活永远不可能完全按照我们想要的方式进行。我们总说：世事无常。总有些痛苦和失落是我们无法避免的。

你的情绪就像是一条流动的河，一条健康、富有生命的河流，是自然的旨意。河的两侧都有岸，如果你只执着于一侧，也就是情绪的某一个维度，那么水道将会被堵塞、淹没，最终消失。愉快和不愉快两种情绪维度就像自然界的一切——美好与恐怖，长和短，高和低，男性与女性，吸气和呼气——你不可能只拥有其中一种，而没有另一种。它们相互创造，相互塑造，相互定义，相互完善，相互平衡。如果一种生活方式只顾追求光明，完全抛弃黑暗，它必将是不可持续的。例如，你若是执着于追求享乐，对于感官刺激的无度追求可能会让你上瘾；如果你只想要平静，你或许会发现人际关系是如此混乱而不可预测，最终你只能生活在孤独的虚空中；如果你只想要你认为"好"的东西，而拒绝、抵制或绕过其他的一切，你最终只会感到麻木，与环境脱节。快乐的反义词不是痛苦，而是一种极度的空虚，你看着生命从身边流逝，而自己却不在其中。

尽可能地放松你对事物的评判，不要给它们贴上"好"或"坏"的标签。事实上，情绪没有积极或消极之分，每种情绪都有其独特之处，有其各自的功能，在不同地方给予你指引和疗愈的机会。就以愤怒为例，在一段感情中，若我们允许分歧的出现，可以公开讨论遇到的挫败，冲突以一种健康和成熟的方式被释放，这段关系就会充满活力，也显得真实。愤怒不会抵消爱，它可以成为爱的一部分。

愤怒和爱不会互相抵消，它们是同一个整体中相互补充的两面。

与其隐藏自己的感受，或是不断试图扭曲现实变成你想要的样子，更有价值的努力方向是扩大你对不同情况的"宽容之窗"。你或许并不喜欢你所经历的方方面面，却可以练习保持开放的心态。当你在一系列强烈的情绪中也能够找到自己的中心时，你也会感受到活着的真正喜悦。

> 这一节的题目——"你应该控制自己的情绪吗"是一个悖论。从本质上讲，你越是试图控制自己的情绪，就越会感觉到失控。你越是给情绪贴上标签并加以评判，它就越会困扰着你，令你羞愧、否认和抗拒的事情都会变得更加严重。而矛盾的是，当你放下按自己的方式处理事情

> 的执念，你反而获得了一种不依赖于外部环境的、镇定的"控制"。你可以像一棵树一样深深扎根在土壤里。尽管风可能从四面八方吹来，你会被吹弯，但不会折断。当风暴过去，你依然是那个不受束缚的自己。
>
> 就像是水往低处流，云在空中自在飘浮，没有阻力，也就没有痛苦；没有战斗，也就没有灾难。你可以观察一切，却不被任何事物所定义。在这段旅程中，我希望你能放下自己对"享乐"的要求，在内心世界的丰富和复杂中找到平静和快乐。

实践策略：如何面对自己的情绪触发点

你可能会发现，某些特定的情景、人或事会让你产生特别强烈的情绪，以至于你无法控制自己的感觉和反应。从表面上看，你对这些情绪"触发点"的反应似乎超出了常理。你可能会有一种胃部下坠的感觉，在愤怒中爆发，因恐惧而崩溃或因羞愧而退缩。每当遇上这样的触发点，你会在瞬间从一个"正常"的人变成一个完全不同的存在，仿佛你的体内存在另一个人格。或许这一刻你还活跃、冲动，下一秒你却变得麻木、游离、封闭。当你处于一种破坏性的情绪时，那个健康的、智慧的你就不见了。你没法通过逻辑和理性让自己平静下来，更困难的是，有时候你也不知道触发这样的情绪波动的因素到底是什么。你可能只是莫名地"一觉醒来就很沮丧"。每个人的情绪触发点都不尽相同,你可能对拒绝、羞辱、批评、遗弃、排斥等迹象特别敏感,而这样的清单列也列不完。你对怎样的触发点敏感,取决于你自身独特的经历。

当你的反应看起来"不合逻辑"或"不合常理"时,通常意味着你潜意识里的记忆受到了刺激。你的情绪触发点是一个冻结的记忆抽屉的钥匙,抽屉里储存着所有令人不快或难以忘怀的记忆。在这个封闭的地方,不仅有你双眼所见的回忆,还有听觉的、身体的和感觉的记忆。例如,你可能会在这里看到你的童年卧室,看到你父母争吵的场景,也可能会听到内心对自我尖锐的批判,或者有"我不好"或"我不安全"之类的侵入性的想法。你还可能会经历身体上的不适,如恶心或胸闷。即便无法说出它们究竟是什么,你也会有一种强烈的感觉,这感觉告诉你"世界很危险",或是"我不能信任任何人"。当闸门打开时,你会像一个脆弱的孩子般真切地感受到、听到这一切。

和许多人一样,你可能会为自己情绪的反应感到羞愧,会责备自己,尤其当它是负面情绪时,如愤怒或嫉妒。你可能相信,如果你严格地审视自己,就可以更好地控制自己的情绪。这就产生了哲理故事中所说的"第二支箭"——第一支箭是你感受到的情绪,第二支箭是你对这种情绪的批判、责备或抵抗。你在自己最初的痛苦上叠加了第二层伤害,这可能让你陷入一个抑郁的循环,对自己的焦虑感到焦虑,为自己的羞愧而羞愧。

责备自己不会帮助你成长。大量研究发现,自我批评会降低你的韧性,让你更难成为自己想要成为的人。当你内心对自我的

第四章 与自我的关系

批评让你感受到自己不对、不安全时，你更可能倾向于自我毁灭，会无所作为或抨击他人，从而陷入麻痹状态。与之相对，自我同情会让你更有韧性，帮助你实现自己的目标，拥有良好的人际关系，在工作中表现得更好。有了同情、怜悯地看待自己和自己的情绪的能力，你就不再觉得需要和别人比较或是寻求别人的认可。这样，你可以找到自己内心的方向，并采取与自己内在价值观一致的行动。通过反复练习，你可以调整你的大脑，让它以自我接纳和善意为基础对情绪触发点做出反应，而不是直接被其影响。虽然生活中的某些事件还是有可能触发你的某些情绪，但借由内部资源，你可以保持内心的锚定状态，直到风暴过去。

情绪被触发时，你应该做的第一步是保持镇定，不要被某种情绪完全吞噬，或采取可能令你后悔的下意识反应。下面的策略可以让你在触发和反应之间创造一些空间，培养对自己的善意，最终让你变得更有韧性。

暂停与关注

当你感觉到一种强烈的情绪在体内浮现时，慢下来，深呼吸10次，如果可以的话，退到一个安静的地方，如卧室或浴室。无论如何，在重新接触外部世界之前，给自己几分钟的时间来做下面这个练习。

首先问自己几个问题：
- 我身体里是谁在感觉到受伤？
- 我现在感觉自己几岁？
- 有什么需求没有得到满足？

当你反应过度时，表现不好的并不是成年的你，而是一个受伤的孩子。因此，尽可能温柔地对待自己，就像对待一个受伤的孩子那样。尽量不要向自己已有的痛苦再射出批判和责备的"第二支箭"了。提醒你自己，情绪是人类的天性，你并不是唯一一个有这样感受的人，也许就在那一刻，在世界的某个地方，有人正和你经历着同样的感受。

花点时间去认识那种感受。并不是你刻意要如此，它只是就那样出现在了那里。与其抵抗这种情绪，不如有意识地说出它的名字，像对待客人一样迎接它的到来。你可能会在脑海中轻轻对自己说"愤怒来了"，或者"那种熟悉的羞耻感就要来了"。你不需要强迫自己去喜欢或"接受"你的情绪。你甚至可以对自己说："我不喜欢这样，不是我要这样的，但我可以和它共处一段时间。"记住，直面你自己的情绪，其目标不是让它们消失，而是让自己在暴风雨来临的时候保持镇定。

现在，我们开始定位自己身体的感受：你的哪个部位感到紧张？可能是胃部不适，也可能是肩部僵硬，或者是喉咙哽咽。深吸一口气，看看你是否能仔细分辨这种感觉。它是轻还是重？是静态的还是会四处游走？这种感觉是一种悸动，还是脉搏的跳动，抑或是沉重的、快速的心跳？

接下来，想象你把每一种情绪都握在手中。你不是你手中握着的恐惧、愤怒、恐慌、嫉妒，你是看着它们的人。情绪无法取代你这个人本身。

对自己友善

现在,做几次深呼吸,然后回想一下你被另一个人拥抱着、爱着并抚慰着的时刻。这个对象也可以是一个虚构的角色,一位逝者,一位心理医生或是一只宠物。在你挣扎的这一时刻,他们可能只是安静地出现,轻轻拍一下你的肩膀,或者给你一个温暖的拥抱。想象他们对你说"你当然可以难过""你可以生气"或是"很抱歉之前没有人陪着你"。他们通过这种方式认可你的情绪的合理性。想象通过他们的眼睛看到自己,尽可能地内化他们对你的爱,接受与同情。想象他们满怀怜悯地、理解地倾听你。

现在,把温暖和温柔的感觉转移到自己的双手,让它们充满治愈的能量。慢慢地,轻柔地,把你的手掌放到脸颊上,停留在那里。感受你双手的温度和质感,让这种感觉渗入你的内心。想想温暖和同情的热流从你的手掌流进你的身体,并逐渐从你的脸和头向下渗透。

缓慢地抚摸你的前额和鼻子,并将你的手向下滑过脖子和肩膀。如果你的手移动到某个部位时感觉到了阻力和紧张,停下来,让你的手在那里多停留一会儿。你的紧张可能会缓解,但不要刻意追求这一点。

你想花上多久就花多久。当你准备好了,就把手掌放到腹部,继续轻柔而沉缓地呼吸,将轻松的感觉注入你身体的其他部分。

虽然你无法回到过去,改变这个情绪触发点形成的根源,但你可以改变这些记忆导致的生理关联。利用神经可塑性的力量,你的伤口会一步步深入地愈合,情绪触发点所带来的情绪变化也会逐渐得到缓和。

  只要你需要，或是想要，你可以做很多次以上的练习，直到每一次富有挑战的情绪波动出现时，对自己友善的态度成为你的默认反应。

第五章
你与家庭的关系

拥有强烈的情绪可能是一种"幸运的诅咒"。正是由于你的高度敏感,你也会从周围的环境中获得更多的信息。你能看到别人看不到的东西,包括所有的虚伪和谎言。你或许无法用语言来描述它,但你会看到并且吸收家庭环境中的有害动态和那些没有说出口的愤怒和嫉妒。爱丽丝·米勒(Alice Miller)在《与原生家庭和解》(The Drama of the Gifted Child)中提到,当你具有直觉和同理心,你可能会困在家庭的行为模式里,令你的天赋被用在错误的地方或是滥用。在你意识到这一点之前,你可能已经成为家庭情感的守护者——甚至成为了家庭的情感海绵、替罪羊或是出气筒。

有些父母在情感上是有缺陷的。由于不成熟或是曾经受过创伤,他们无法以孩子需要的方式去爱他们。成熟的父母给予他们的孩子一以贯之的爱和关注,情感上是开放的,允许他们的孩子玩耍和犯错。这样的父母以韧性、节制、同理心和同情心成为孩子们的榜样。在这个不稳定的世界里,他们充当孩子们的"锚",或是"安全基地",让孩子在需要安全感和安慰的时候，永远可以回到这里。

相反，情感不健全的父母可能会情绪不稳定，他们会惩罚孩子，有强烈的控制欲，将自己的预期和愿望强加于孩子的身上。他们不是坏人，只是活在成年人身体里的孩子。他们可能已经尽了他们的努力，只是依然无法提供你所需要的。

识别有害的家庭动态

我们的社会将对儿童身体上的虐待视为恐怖的恶行，却对有害的家庭相处模式对儿童造成的无形痛苦视而不见。事实上，这些看不见的伤口给人带来的影响也十分深远。通常，伤人的并不是那些说出口的话，而是本该说的却没有说——那些积极的反馈、鼓励和肯定。伤人的不是家庭关系中有什么，而是缺少了什么——比如优质的相处时间、耐心、智力上的刺激、有意义的对话、家庭的小仪式、一起玩耍和开玩笑的时间等。家庭生活中缺少了这些东西的孩子，可能表面上看不到任何明显的创伤，但由于情感剥夺，他们会觉得在这个世上不受欢迎。在一个不健康的家庭环境中成长，你受到的创伤可能好多年都不会被人发现。或许你也愤怒过，但你只能压抑你的愤怒；或许你也沮丧过，但你只能忘却你的感受，像个"小大人"一样继续过下去。然而，这种创伤并不会自行消失，你内心无声的尖叫会一直继续。

真相的确伤人，但恶毒的谎言却最能杀人于无形。

自我意识是觉醒的第一步。

这项任务的目标是帮助你不受困于愤怒或怨恨，而是面对真相，并向解放自己迈出一大步。让我们带着这个目标，来看看一些敏感和情绪强烈者生活中常见的有害的家庭动态。

你成了情感海绵

神经学家发现，我们大脑中镜像神经元的活动会让我们自然而然地向他人的情绪靠拢。一旦我们识别出别人的情绪感受，就会觉得有义务帮助他们。例如，当看到某人情绪低落时，我们会想要提供安慰和支持。这种镜像神经元的活动在遇到与我们相关的人时便会放大。例如，母亲会本能地模仿婴儿的表情，和他们一起笑，在他们感到痛苦时帮助他们平静下来。

当我们试图帮助他人调节情绪时，无论是要让他们高兴起来还是平静下来，我们都是在做心理学家所说的"外在人际情绪调节"。如果你是一个超高共情者，那么你会在不知不觉中参与了非常多的"外在人际情绪调节"。当你进入一个空间时，你马上就能感受到人们散发出的、非语言表达的人际信号。你不需要思考就会开始平衡情绪动态的动作。例如，当你感觉到别人精力不足时，你或许会讲个笑话，折腾出个大场面，来一段自嘲式幽默，做人群中的开心果，好让他们高兴起来；当你发现家中有压力存在时，你会把自己的焦虑抛在一边，做出勇敢的样子，成为能让每个人依靠的冷静角色；若是预测到别人的情绪即将爆发，你便会把自己的需求藏起来，保护你的兄弟姐妹免受伤害；看到父母情绪低沉，你会帮他们做些家务，或是试着让他们的情绪好起来。不经意间，你被家人用来平衡那些失衡的东西，来帮助他们消化心灵的创伤，表达无名的愤怒。从长期来看，你便成了整个家庭的"情绪调节器"。

在某些情况下，你甚至会更进一步地成为家庭中那些不受欢迎的情绪的吸收者，一块情绪"海绵"。这些情绪包括愤怒、羞耻、自怨自艾等。如果你的父母和兄弟姐妹有了无法处理的情感包袱，有时就会向外投射，让它成为你的负担。你可能会惊讶地发现，这种情况真的会发生，人们的确会强迫别人去处理他们不想要的情绪。在精神分析心理学中，这种情况被称为"投射性认同"。

投射性认同是一种无意识的心理策略，在这种策略中，一个人将自己不想要的情感和品质释放到其他人的身上。当你的一个或多个家庭成员与某种令他们害怕或排斥的情绪搏斗时——比如无助、嫉妒或自我憎恨——他们会尽其所能地否认自己身上的这一部分，然后将其植入你的体内，让你体验他们内心深处的感受。而你作为接收者，却并没有意识到这种策略，还认为这是你自己的问题。例如，你的兄弟姐妹内心有着很深的羞耻感，他（她）可能会"剥离"自己的那一部分，并把它转嫁到你的身上。他（她）采取一种居高临下的、强势的姿态，通过欺负你或是在言语上贬低你，让你感到自卑，这样他（她）就让你消化了他（她）的羞耻感。你的父母也可能以这种方式把他们的自我憎恨或是不安全感投射到你的身上，让你背负起原本并不属于你的自卑和羞耻的重担。

投射性认同比单纯的"投射"更有害，因为它会侵蚀你自身的身份认同。这种机制迫使你吸收别人倾倒在你内心的东西，侵蚀你的自我意识。投射性认同是一种非常严重的侵犯个人边界的行为，它通过你的思想和身体渗透你。通过直接的或微妙的操纵，这种投射在你身上激起了一种情感反应，带来真正的认同混乱。你看到的羞耻和憎恨都来自你自己，意识不到它们其实来源于外部。"这就好像你突然被不属于自己的思想与情绪所控制。"高敏感者和超高共情者特别容易受到这种侵犯，因为你的能量边界更容易被渗透。

投射性认同的发生是在无意识状态下进行的，在右脑中徘徊。你的家庭成员会这么做，是出于他们自己不顾一切、发展不足的那一面，他们并没有意识到自己在做什么。但与此同时，你可能会在不知不觉中成为目标。

识别到这种动态是一项艰巨的任务，它从根本上挑战你的世界观。你心中想要继续保护家人的那部分自己会感觉到内疚，想要继续否认这一点；而你心中习惯自责的那一部分会害怕觉醒可能带来的力量。但如果你有足够的勇气去了解你的家庭动态背后发生了什么，你就能得到痊愈，得到成长。

小时候的你没有发言权，但现在你有了说"不"的力量。

你可以设定边界，在身体上与他们保持距离，但更重要的是，你可以在心理上拒绝接受有害的投射，并找回真实的自己。

面对高需求感或是侵入性的父母

婴儿一出生就与母亲有着紧密的联系。然而到了一定的时候，他们必须与父母分离，开辟自己的道路。这对孩子来说是一项重大的改变，对父母也是——他们必须学会放手和控制自己的焦虑。

如果父母内心存在未处理好的创伤，或者在情感上不成熟，当孩子需要离开时，他们可能会觉得被拒绝或被抛弃，并任由自己情感上的饥渴压倒孩子成长的需要。需求感强的父母会入侵孩子的边界，因为他们不是把孩子当成一个独立的人看待，而是他们自己的财产或某种延伸。他们的行为会以不同的方式阻碍孩子成长为独立的人：

- 他们担心过度或是保护过度，而在这个过程中遵循的规则是出于他们自己的焦虑，而不是孩子的需要。
- 他们以一种居高临下或装模作样的方式和孩子说话，或是把孩子当成一个病人的角色，强调孩子的无能，或者低估孩子的实际能力。
- 他们表现得仿佛孩子是他们的一部分，如代表孩子说话，翻孩子的东西，闯进孩子的房间，或是代替孩子去做大大小小的决定。
- 他们让孩子玩、表演、摆姿势拍照，却不管孩子的感受如何。当孩子想要一个人待着的时候，他们也不会允许。
- 他们在家务事上制定严格的规矩，孩子做点什么事都要孩子严格遵守。
- 他们对自己的生活不满，于是通过孩子来间接地弥补。由于他们将孩子视为他们的直接代表,所以会对孩子的外表和成就给予过度的关注。
- 他们想成为孩子最好的朋友、知己,并把孩子当成他们的朋友、知己。他们会与孩子过度地分享一切,把孩子视作他们的伴侣,而不是以孩子的模式相处。当孩子交了新朋友,不再花那么多时间与他们待在一起,或是不再事无巨细地分享孩子的生活时,孩子会有愧疚感。
- 他们没有设定任何边界。即使孩子还是个孩子,恰当的边界对孩子也是有好处的。他们害怕冲突,所以从来没有为孩子树立起自律或自信的榜样。

焦虑的父母向你传递的信息是:"别走""你不能走""没有你我活不下去""不要长大""外面的世界很危险",甚至是"你一个人活不下去"。对掌控感的追求背后,通常是由于他们害怕不再被需要。他们可能对自己的生活或婚姻不满意,于是把孩子当成一种填补内心空虚的方式。

如果你有高需求感或侵入性的父母,这对你最重要的影响就是侵蚀你的自我认同和自我能动性(self-agency)。客体关系理论(object relations theory)是精神分析学的一个分支,它主要研究生活中的主要人际关系是如何塑造人格的。根据客体关系理论,如果你的父母出于自私,需要与你有一个合并的身份,这将阻碍你成长过程中必须面对的分离-个体化过程(separation-individuation process)。为了满足父母被需要的诉求,你很可能已经改变了自己的个性,建立起一种虚假的依赖性。这让你看起来像是个弱者，但事实上，你是被"训练"成了一个高需求感的人。你自身的存在感和身份认同感在这个过程中会越来越小，直至最后隐匿不见，这样你就可以保持与父母不可分割的联系——这正是他们潜意识里想要的。换句话说，这种动态是在家庭中建立起来的。

你父母不愿与你分离，在家庭中造成了一种"缠结"的动态，这种动态中缺乏健康的人际边界。在缠结中，你被规训得非常敏感地接受别人情绪的影响，以至于感觉要对他人的情绪负责。由于在一个具有缠结动态的家庭中长大，现在的你可能很难区分自己的情绪和周围人的情绪，很难不接受他人的情绪投射，很难去对一个过分的要求说"不"。与父母的内心在缠结的状况下融合，或许看起来很像是真正的亲密，但这两者其实截然不同。在一段健康、有爱的关系中，你可以保持自我意识，来去自由。但在缠结的关系中，你会"窒息"。或许你并没有意识到你想要为你那不开心的父母牺牲自己的生活，就像鱼意识不到水的存在。你或许将活在拯救别人的任务中，自己却毫无意识。但如果仔细观察，你就会发现，当他们在你身边时，就总有那么一股微妙的能量流，它穿过你的身体，将你拉住，将你困住。

当你还是个孩子时，父母是你唯一的依靠，你没有逃脱的办法，也无法用语言来维护自己。如果你的父母一方或双方不尊重你的边界，这种侵犯会在你的心灵中留下强烈的印记。这样的侵入会带来精神分析学家所说的"毁灭焦虑"（annihilation anxieties），这是一种对完全失去自我、不再存在的恐惧。对毁灭的恐惧可以细化为以下维度：

- 害怕被压垮，害怕无法应对，害怕失去控制。
- 害怕被吞并，害怕被困住，害怕被吞噬。
- 害怕自我或自身身份的瓦解，恐惧无意义，恐惧虚无，害怕受屈辱。
- 害怕被侵犯，害怕被穿透，害怕被毁损。
- 害怕被抛弃，需要别人的支持。
- 对生存、迫害和灾难的恐惧。

毁灭焦虑可以转化为对被抛弃和被吞没的恐惧，并影响你在未来的人际关系中如何与人相处。你可能会有恐慌、噩梦、恐惧症、精神分裂和其他身体症状，但却不知道这些症状与你的童年经历有关。

你的父母并不是故意要这样做，这只是他们过去在家庭中所受的创伤没能得到及时处理，以至于这样的模式代代相传了下来。他们并没有意识到自己在做什么，但他们的行为本身是对依恋的渴望。尽管如此，这并不意味着解决问题或治愈他们是你的责任。

在内心深处，他们知道自己孩子气的方式对他们自己和对你的成长都是有害的，可这模式已经根深蒂固，他们不知该如何改变它。如果你的父母在情感上很需要你，不知该如何设定边界，你就必须带头树立起建立健康的相处边界的榜样。即使在一开始会惹人不快，但长远来看，这对你、对他们、对周围的人都是有好处的。

你身负重担,被迫"亲职化"

"亲职化"(Parentification)是指父母与孩子之间角色发生了颠倒,孩子不得不承担起本该属于成年人的责任。这是一种很少被讨论到的有害家庭动态,因为它常被冠以爱、忠诚或孝顺的名义,在某些文化中甚至被广泛接受,俨然成为一种社会规范。但是,研究发现这会对人产生深远的心理影响。

亲职化有两种形态:

- 功能上的亲职化。这是指你过早、过多地参与到做饭、打扫等家务工作中去。你或许还需要照料自己的身体需求,如独自去看医生。
- 情绪上的亲职化。也就是你要成为父母的顾问、知己、情感照料者和家庭调解人。

在这样的家庭动态中,家人间的角色在你童年时期发生了逆转,因为对你来说,把孩子的那一面展露出来是不安全的。你天真的那一面被封存,因为你必须迅速长大。如果你在父母面前展露出脆弱的孩童本色,渴望得到照顾,你会陷入失望,受到创伤。于是,从一开始,你就知道了唯一安全的做法是克服你的痛苦,隐藏你的脆弱。

情绪上的亲职化有时还会包括"情感乱伦"(emotional incest)——孩子被父母视为亲密伴侣。或许你的父母之一对自己的婚姻不满意,或者对自己的生活不满意。他(她)过多地与孩子分享自己的感受和沮丧情绪,在孩子面前哭泣、抱怨甚至伤害自己。这种情况下,孩子会觉得有责任去减轻他(她)的痛苦,即使他（她）所分享的东西对一个孩童的心灵来说太过沉重了。

除了照顾你的父母，你可能还得在兄弟姐妹面前扮演家长的角色。这样造成的后果就是，当你在某个时刻需要离开家时——比如去上大学，你会感到非常内疚。你可能会觉得抛弃了自己的"孩子"。

被亲职化的你经常被迫要去完成一些可怕的任务，如防止吸毒成瘾的父母吸毒过量，或是保护兄弟姐妹免受突然而至的暴力伤害。作为一个高度敏感、直觉敏锐的孩子，也许你是第一个发现这些不安全和不稳定的状况的人，于是承担起了照顾和支撑家庭的重任。这可能导致你对他人的需求和感受的强烈焦虑，并使你一直处于一种高度警觉的状态。即使日后成年了，你也无法从这种状态中走出来。

无论表现得多么成熟，你都只是个孩子。所有的孩子天生都是无助的，依赖于他们的看护者。在这个未知的、有时还很可怕很危险的世界里，他们需要一个监护人。而当没有人可以仰仗、没有人可以让你依靠、给你指引的时候，你就陷入了一种缺乏安全感的状态。

或许你永远也不可能治愈你父母的痛苦，但由于它感觉上好像是你的责任，你逃脱不了那种觉得自己没有做好的感觉。即便成年后，你在人际关系中也有一种过度的责任感。你可能会在友谊和感情上付出过多，在事情没能朝好的方向发展时责备自己，还可能吸引那些索求过度的伴侣。长期来看，这样的模式可能会导致你身体和情绪上的疲劳，并想要完全封闭自己。

更麻烦的是，你很难对你的父母生气。通常情况下，他们并不会表现出虐待你的样子,他们只是无助又脆弱。而你,由于有着一颗同情的心,有着超越年龄的成熟,你总觉得有必要帮助别人,你的保护本能阻止你承认自己没能得到原本应得的。

你可能在生活中一直做着优秀的父母,但现在,是时候照顾一下自己这个"孩子"了。

我们疗愈的目标,是在你开始取悦他人之前,先考虑自己的需求。

作为一个孩子,你需要爱,需要被关注和被倾听。你也需要空间去玩耍、把一切搞得乱七八糟,你需要去探索这个世界,而不是背负着沉重的责任前行。如果你在过去被剥夺了这样做的权利,那么从现在开始,在能量所及的范围内找回自己的童年吧。

被争强好胜的父母压制

这个话题在我们的社会中是个禁忌,但人们对养育子女这件事感情复杂,这是很自然的事。父母希望孩子能得到最好的,但这不能抵消他们有时会对养育孩子感到沮丧。随着你父母年龄的增长,他们壮志未酬的生命逐渐流逝,而你却能够得到他们原本想要的资源和机会,这对他们来说不是一件容易的事。如果他们介怀为人父母付出的时间和精力,那么当你离开家时,他们可能会觉得被背叛了。心理健康的父母能够承认他们复杂的情感,但情感上不成熟的父母则会以挖苦的赞美、微妙的贬低或明确的蔑视等方式将其表达出来。

如果你是一个有天赋的孩子，而你父母的人生充满遗憾，他们可能不太能够全心全意地支持你。他们不仅在智识上无法理解你的天赋，也未能成为你有力的榜样。过去几十年来妇女权利迅速发展，这对母亲来说尤其具有挑战性。表面上她的确鼓励你成功，但她的生活选择传达了这样的信息：做女人就是意味着妥协。意味着放弃自己的梦想，追求更少一些。当你成为一名坚强独立的女性时，你将质疑母亲生命的意义，这便会引发冲突或是暗地里的愤怒。

孩子们将他们的父母视作榜样，尤其是同性别的那一方。如果你的榜样因你的成就而惩罚你，最终你可能会将这种蔑视内化为自我憎恨和自卑。压迫的信息可能深埋在潜意识深处，但每当你在生活中做得很棒，却会感到无法解释的内疚或羞愧。你觉得自己不配拥有，所以会去破坏自己的成功。为了安全，你情愿压制自己的天赋。

虽然这不能成为他们行为的借口，但那些争强好胜的父母在童年时也是情感匮乏的受害者。没有人对他们生命的绽放给予无条件的、积极的关心，所以他们也无法给予别人这些。

替罪羊与煤气灯效应

健康的家庭尊重并重视个体差异，而功能失调的家庭则对个性的容忍度很低。安德鲁·所罗门（Andrew Solomon）在他的《背离亲缘》（*Far From the Tree*）一书中采访了四千多个家庭，他观察到，拥有特殊的孩子会让家庭中父母的特点被放大：不称职的父母变得更糟糕，做得好的父母会做得更出众。不幸的是，在前一种情况下，与众不同的那个孩子成了替罪羊。

将某一个人指责为万恶之源，是家庭逃避情感痛苦的一种无意识策略。这是一种"在不知不觉中故意"的行为。这个模式一旦确立，家庭通常便会不遗余力地维持住这种动态，替罪羊必须一直是替罪羊。当替罪羊试图离开这种有害的动态时，他们会遇到微妙的或是不那么微妙的情感报复，也有可能受到被抛弃的威胁。

下列迹象表明你已经成为家庭中的替罪羊：

- 你因为自己的天性而受到批评，如情绪强烈和敏感。
- 你的成就永远不会被表扬或重视，只会被忽略、无视或贬低。
- 你因为家里发生的不好的事而受到责备。
- 你觉得自己被无视了。你的家人似乎没有兴趣去了解真正的你。
- 你的错误会被夸大，或是受到不合理的惩罚。
- 你的家人在别人面前对你的描述是负面的。
- 你的家人将你排除在家庭活动之外，或者对你隐瞒家中的秘密。
- 用"那个怪人""不确定因素"或是"麻烦人物"之类的代号来称呼你。

当你有朝一日终于开始绽放光彩，变得更加强大、独立时，你会感觉到家庭想要拖你的后腿。替罪羊通常与煤气灯效应一起出现，这是一种旨在稀释你的声音并掩盖真相的策略。实施该策略时，你的家人们一起在你身上播下怀疑的种子，让你质疑自己的所见、所想、所感和记忆。系统家庭治疗的理论家们用"已确认的患者"这个术语来描述被当作替罪羊的人,因为他们感觉自己就像一个心智有问题的"患者"。

你的家人会通过否认、背叛甚至公然说谎等手段让你说的话失去可信度。例如,当你试图谈论在家中的经历时,他们会告诉你那是你臆想出来的。他们会反复告诉你:"你身上没发生什么不好的事情""我们是一个幸福的家庭""除了你没人记得有过这些不好的事情"。如果你的生活中不断出现这些虚假的故事,你就没法再否认它了。最终你将不再相信自己,你可能会变成一个空虚的人,缺乏自己的思想、情绪和信念,生活在一种困惑的、半游离的状态中。

从替罪羊与煤气灯效应中恢复过来需要时间。或许你在理智上明白,自己并不是家庭问题的根源,但要改变这种内化的羞耻感,则需要更深层次的情感治疗。你必须意识到,造成混乱的不是你自己,而是你的家庭施加在你身上的包袱。作为一个孩子,承担任何不属于你的负担从来都不该是你的责任。

人格适应

你早期的家庭经历会影响你现在的样子,无论是好是坏。作为一个孩子,你必须找到一种思考和行为的方式来解释身边发生的事情。从痛苦的童年生活中寻得的生存下来的方式,在以后的岁月里会成为你性格相当大的部分,有时会影响你的一生。以下是一些经历了痛苦童年的人身上常见的人格适应模式:

- 如果你的父母只会表扬你所做的事，而不是你这个人本身，你将学会依赖外在成就看到自己的价值。你不再是你这个人本身，而是由你做成的事情所定义的。你所知道的在这个世界上生存下去的唯一方法就是努力工作，取得下一个成就，永远也不能放慢脚步。你是根据社会设定的标准来生活的，而不是你真实的、自发的自我。这种模式会让你感到内心空虚，有时你还会想，如果没有什么厉害的外在成就，你还会不会被社会所接受。

- 如果你的父母抑郁，依赖你的爱和安慰，你可能将学会通过别人的眼睛来定义自己。你觉得重心似乎不在自己身上，而是在别人身上。当你有很强的共情能力，对他人的需求很敏锐，你同时也失去了对自身需求的感知。你觉得自己似乎一直在努力从周围的人那里获得爱，不管你多么乐于助人，付出了多少爱，人们似乎永远不会以同样的程度来回报你，而这让你非常痛苦。

- 如果你小时候背负了过多的责任，你可能会对这个世界上的错误、不完美和不公平高度敏感。你会听到内心严厉的批评声音，它不断告诉你事情做得不够正确、不够完美。你一直生活在解决问题的压力中。严重的评判和挑剔倾向也会影响你和你爱的人之间的关系。你不是故意的，但你周围的人会感觉受到审视，很有压力。

- 如果你童年的环境是不稳定、不安全的，这意味着你可能失去了培养对这个世界的信任的机会。怀疑和恐惧成为你的默认情绪。你始终保持对周遭环境的警惕和警觉，永远不会停止扫描四处的威胁。你经常陷入"分析瘫痪"（analysis-paralysis），列出长长的"可能出错的地方"的清单，却不去采取有效的行动。你的勤勉警觉可能会保护你，但你的恐惧会阻止你发挥自身的潜力。

- 如果你的父母在情感上或身体上抛弃了你，你可能终其一生都会觉得内心像个孤儿。无论你走到哪里，都会感觉被误解，无法融入。你内心的自我批判毁掉了你的自尊，你会将自己与他人比较，告诉自己其他人都过着比你更快乐、更"正常"、更充实的生活。这样下去，你的内心将被沮丧和嫉妒填满，始终无法满足。

- 如果你的父母恃强凌弱，你或许早早就学会了靠着绝对力量和提高音量来生存。你将世界看作一个"狗咬狗"的危险地带，认为放松警惕是很危险的一件事。你不可能向任何人暴露自己的弱点，也不会让别人来帮助你或安慰你。你筑起一道墙来保护自己的安全，但它同时也使你与世界隔绝。即使你在这个世上获得了权力，陪伴你的却依然只是无尽的孤独。

由于你适应生存的方式对你自己来说是独一无二的，你疗愈自己的方式也将是独一无二的。通过仔细的分析与审视，你可以追溯造成自己心理问题的源头。你不必拒绝你在过去的适应过程中形成的那个自我，不用拒绝完美主义、高度焦虑或一定要取悦他人的心理现状，只需要记住，这些保护机制是你身上值得尊重的一部分，它帮助你度过了非常困难的时期。你可以向它致意，向它鞠躬，向它致敬。你可以将你的这些生存模式看作一个人，你可以对它们说："我勇敢的士兵，谢谢你的服役，但现在我知道该怎么做了，你可以放松休息了。"找出情感痛苦的根源，正是疗愈过程中的关键一步。

虽然你不能回到过去改变发生过的一切，但也不要让它拖累你的余生。

超越过去

关于你的家庭，思考以下几个问题：

- 你的家人了解你吗？
- 他们所认识的你，是那个真实的、情绪强烈的、有天赋的、不寻常和独特的你吗？
- 他们是否理解，由于天性敏感，你有自己独特的需求？
- 他们是否能够理解你的价值观和信仰呢？
- 他们是否赞美你的热烈和激情，而不是向你泼冷水？
- 即使你的远见与抱负超出了他们的理解，他们也尊重你并以你为荣吗？

你的家人可能做到了上面所描述的，也可能没有。也许他们有时候做到了，有时却又没有。

当他们无法看到、听到、拥抱真实的你时，这很伤人。在这种情况下，他们的意见和侵入是羞辱，是伤害，令你"窒息"。

要想绽放光彩，就不要被家人不合理的期望、评判和意见所阻碍。

第五章 你与家庭的关系

治愈你童年的伤痛是获得内心平静的重要途径。如果不转化你的创伤，改变那些给你造成没来由的愤怒的触发点，那么毫无根据的内疚和羞愧将永远潜伏在你的身体里，时常冒出来打你个措手不及。它可能会破坏你的人际关系，阻碍你的创造力，影响你的生活。

> "我的父母没有以我需要的方式来爱我。"承认这个痛苦的事实，意味着你需要勇敢地处理深度悲伤、愤怒和受伤等情绪。这样的感觉是痛苦的，但只要你勇敢面对，它便也只是暂时的。如果你知道自己正走在通往解脱的道路上，允许这些感受穿过你的身体，作为回报，你将在另一端得到自由。在下一节，我们会深入讨论如何放下你的过去。通过练习，你可以逐渐学会在你的自身与他人的投射之间画下一条界线。你将可以把自己的生活选择与他们自己未曾经历却期望拥有的梦想区分开来，对他们想要通过你来间接完成自己的生活愿望的期待说"不"。你也有权利让自己放下不得不照顾别人、救助或帮助别人的强迫性习惯。你作为你自己，完全值得被无条件地爱。如果你的父母做不到，你还可以自己爱自己。
>
> 毕竟，你的原生家庭并不等于你的心灵家园。你的父母只是负责把你带到这个世界，这个让你停留，学习个性化，学习宽容、宽恕和更广阔的同情的地方。你是真实

> 的、完整的你自己。那些同属于你们的真正家园的人会看到这一切，拥抱这一切，庆祝这一切。即使你真正的童年可能令你非常痛苦，满身伤痕，但送给自己一个你应得的童年，永远都还不算晚。

反思练习：浏览家庭相册

你的家庭相册记录了你来自何处，承载了关于你的家庭关系、传统、价值观和历史的丰富信息。通过细致、深入地翻阅家庭老照片，你将揭示可能从未意识到的令人惊讶的家庭相处模式和真相。

留出一段安静的时间来做这个练习。拿出你的家庭相册，或者任何你能找到的家庭老照片。看看你是否能找到各种各样的照片，从正式的家庭活动——如婚礼和派对，几个家庭成员的随手快照，到家庭旅行记录等。花尽可能多的时间浏览它们，然后挑选出10~20张让你特别留意的。

把这些照片放在面前，试着回答下面的问题。把你的答案写在日记里。记住，你不需要让人看到你写了什么。这是一个私人空间，让你关注被忽略的东西，尊重被忽视的东西，表达没能表达的东西。尽可能不要让内疚、羞愧或愤怒的感觉阻止你写下答案。你要把这些感觉也在纸上写下来，让它们被表达，被消化。

第五章 你与家庭的关系

当你翻阅这些照片时,注意每个家庭成员之间的联系。
- 谁为了什么经常去找谁?
- 有没有几个家庭成员被拍到总是在彼此旁边?
- 注意一下家庭中的权力动态。大部分时间是谁说了算?
- 谁的情感表达最多?谁的最少?
- 你能说出这些照片都是谁拍的吗?摄影师(们)在照片里表达了什么样的情感?
- 这个家庭鼓励或不鼓励什么样的情绪(如鼓励"激动",不鼓励"愤怒")?由谁决定什么是可接受的,什么不是?
- 你们如何处理冲突和分歧?谁来决定呢?
- 当某人犯了错或经历挫折时会发生什么?
- 你的家庭对外呈现出来的状态和私下的状态有什么不同吗?
- 作为这个家庭的孩子是什么样的感受?
- 这个的家庭的动态有变化吗?还是多年来总是老样子?
- 如果你可以把一个人从这些照片里拿掉,你会拿掉谁?
- 如果你可以往这些照片里加上一个人,你会加上谁?

通常,每个家庭成员都在家庭中承担一个特殊的"角色",这代表了他们在履行家庭职能和满足自己需求的过程中经常出现的行为模式。现在,想想在你的家庭中,包括你自己,谁可能扮演了下面的哪个角色:
- 金童:功成名就的那个人,是家庭的骄傲。
- 领导者:拥有权威的那个人,是组织者,每个人都指望他(她)来解决问题。

097

- 拯救者：解决别人的情绪和问题，在需要时会出来帮忙，总把别人的需求放在首位。
- 和平使者：维护家庭和平的人，当其他家庭成员之间发生冲突的时候，他（她）会充当中间人来调解。
- 替罪羊：一旦有坏事发生，就会责备到他（她）头上。
- 害群之马：不合群的人，被排斥的人，"那个怪人"。
- 消失的孩子：逆来顺受、安静的、不引人注意的孩子。
- 小丑：用幽默天赋化解家庭冲突的人。他们自己的情感需求则可能被隐藏了起来。

回想一下你与家人之间的关系和人际边界，包括过去的和现在的。

- 你和谁最亲近？
- 你觉得谁最爱你？
- 你最想保护谁？
- 你和家人在一起觉得安全吗？
- 你与某个或某几个家庭成员之间是否存在相互依赖的关系？
- 你是否总在试图改变某一个或某几个家庭成员？
- 你是否感到被迫遵守某些家庭规矩或仪式？

特别注意那些强加在你身上的假设、期望和操纵，也许它们一直都存在于你的身上，并且没有经过你的同意。你可能会有怀疑，但试着相信自己的感觉，而不是取信于表面现象和长期以来家庭中存在的说法。你现在有权利表达出你认识到的关于你家庭和家人的真相。

这个练习可能会唤起你非常强烈的感受。完成后，花一些时间让自己平复下来。快速扫描自己的身体，注意任何的紧张和情绪波动。尊重你所有的感觉，即使它们看起来是混杂的、非理性的。它可能混杂了伤感、悲痛、愤怒、嫉妒、恐惧、内疚、羞愧、快乐、感激。注意你的感受并写下你心中的真相，这是完全安全的。你没有做错任何事，也没有伤害任何人。尽可能通过呼吸将自我同情注入身体里紧张的区域。如果你觉得很难对自己如此宽容，在脑海中想象一个你爱的人，或是孩子，体验内心的柔软。然后，试试看把这种柔软的爱意引向自己。

最后，合上你的日记，花点时间反思一下你的整个经历，并祝贺自己给予了自己疗伤的时间。

放下过去

当你消化过去的痛苦创伤时，"宽恕"这个想法似乎很不可思议。这个词本身就具有倾向性，含义很模糊并且带有道德色彩。在这一节中，我们就来谈一谈该如何摆脱你童年的照顾者给你带来的创伤。治愈过去的创伤，需要你面对童年时的需求没能得到满足的痛苦，消化你对父母可能存在的怨恨，并学会如何处理你当下与家庭的关系。我们的目标不是沉溺在自怜的情绪里，也不是去责怪任何人，而是去承认你的痛苦，好让你努力摆脱那些拖你后腿的有害情绪。

对你来说，放下过去不是为了其他任何人，不是因为社会要求你这样做，而是因为你渴望自由。放下并不意味着你需要做出任何改变，需要去信任那些曾经伤害过你的人。这是一段解放你自己的旅程，完成后你会有很多收获。当你做到这件事时，你就不会再把过去的阴影投射到自己的伴侣身上，不会让愤怒或不切实际的期望毁掉你所有的爱。你将放下你内化的羞愧、低自尊、上瘾和强迫症，不再强迫性地卷入虐待的或是不对等的关系里。你也会释放出精力来全心全意地追求你的梦想和目标。在这一节中，我们会分别介绍放下过去的五个阶段。虽然我们以线性的方式讲述，但实际上它们彼此密不可分，也并不按时间顺序排列。你可能同时经历其中的好几个阶段，或者在它们之间来回。

第一阶段：说出真相

揭开那些埋藏了一辈子的秘密，正是放下它的第一步。作为自己家庭一直以来的情感看护者，你可能会淡化和抹去你所承受的一切。每当有人问起你的过去，你的默认答案可能是："我的童年很快乐。"被质疑的时候，你会马上为他们找借口："他们已经尽力了"或"其他人的情况可能远比我糟糕多了"。要是有人问起你的父母，你无法给出任何关于他们的负面评价。你甚至会为没有成长为一个"更快乐"的人而感到自责，毕竟一切看起来都很"不错"。你对自己的童年几乎没有什么记忆，当你在记忆深处寻找它的痕迹时，发现触及的却是一堵情感麻木的墙。由于你所经受的创伤大部分都是看不见的，要承认它并不容易。然而，睁一只眼闭一只眼并不会让这些创伤自行消失。原谅和遗忘并不是一回事，事实上，遗忘和原谅是相斥的。如果掩埋你的故事，压制你的愤怒，除了表面上的和谐，你得不到任何东西。过早地走进一条同情与诉诸灵性的岔道，就如同给一个不会自愈的伤口强行包扎，而这将使原本功能失调的模式永久化，最终传递给下一代。

你或许会觉得追溯创伤这件事让你无法承受，但事实却是，不去追溯的后果才是你无法承受的。生命只有一次，你必须为了自己做这件事。到目前为止，为了生存你或许选择了遗忘，但从长期来看，这开了一个危险的先例。当你否认发生在自己身上的事时，创伤便滞留在了你的身体里，迫使你与一部分的自己分离。这样的分离会让你更加不善于和其他人打交道，让你变得抑郁，受困于生活，受困于每一段人际关系，受困于心理治疗。它将成为一个自我吞噬的循环，让你陷入一种"漂浮"状态——你并没有死去，却也不像是在活着。唐纳德·卡尔谢（Donald Kalsched）在他的书《创伤与灵魂》（*Trauma and the Soul*）中写道，一个人陷入这种困境时会感觉生活不完全真实，无法全心全意地对任何事或任何人给出承诺。他们生活在地狱的边缘，过着一种"临时性的生活"（provisional life）。这种内心的空虚是一种可怕的灵魂自杀，其破坏性不亚于你原本受到的创伤。

你受困在对自己的否认中的原因，或许是你的家人在面对问题时一直都是这么做的。在情感发展上不健全的父母会觉得他们已经尽了最大的努力，然而在内心深处，他们知道他们让你失望了。具有讽刺意味的是，他们会通过让你觉得自己是一个糟糕的、被宠坏的人，把他们自己并没意识到的羞愧和内疚发泄在你的身上。他们可能会疯狂地为你购物，这样你看起来似乎沐浴在父母的爱里。全家人可能会把你描绘成"疯疯癫癫"的那个人。如果你试图让自己心目中的真相暴露给这个世界，你会因"忘恩负义"与"苛求过多"而受到惩罚。但掩藏你心中的真相只会创造一个恶性循环，把彼此锁在一种相互依存共生的关系里。因此，你必须采取一些行动，去看到这个真相，即使它是丑陋的、令人痛苦的、不受人欢迎的。

要开启这个过程，你可以试着从质疑自己在过去的生命中一直遵循的叙事逻辑开始，让你的记忆在一个安全的地方重新浮现。这样做的目的是帮助你变得清醒，帮助你解放自己，看到你的父母并不像你孩童时期望的那样强大，他们也是受过伤害的、有自己局限性的普通人。造成他们行为的可能是他们的不安全感、某些行为或回忆的投射，或是曾经受过的创伤。他们不理解你的强烈情绪，你的直觉让他们感觉受威胁，于是试图压制你的声音。他们用你来弥补他们自己生活里的缺憾，用你来承载他们无法承受的焦虑。

要想治愈这一切，你不需要责怪任何人，你甚至也不需要与家人去对质。你或许可以把你的故事告诉一个值得信任的知己或是你的心理医生，也可以在一个私密空间里自己进行这项活动。例如，你可以试着对一张空椅子说话，这样就可以随便说，把你想说的都说出来，不需要担心后果。你也可以给父母写一封并不会寄出的信，或者创作一件艺术品、写一首歌来记录你的故事。你甚至还可以试试心理学家口中的"意象重构"（imagery rescripting），想象以一个睿智的成年人的身份进入你的过去，为当时脆弱、无助的"小时候的自己"挺身而出。我们大脑中的神经网络以一种奇妙的方式运作，尽管你不能改变历史，但研究发现，仅仅通过在脑海中想象一个不一样的故事，就能体验到强大的治疗效果。

放下的第一步，就是尊重你心目中的真实故事，并在你可以做到的地方寻求正义。即便你不可能听到一句道歉，但至少可以选择接受不完美的现实，卸下生活在谎言中的责任。

第二阶段：发泄愤怒

在放下过去的旅程中，愤怒情绪可能是你最大的挑战之一。由于文化环境的影响，你可能会认为它是"坏的"，它意味着侵略性，会让你与其他人疏远。主流观念和社会机构都要求你压抑愤怒，好让你周围的人舒服。对父母心怀怨恨对整个社会来说都是种禁忌，即使你的愤怒很有道理，你也会为其感到内疚甚至羞愧。可能在很多年里你都在压制、转移和扭曲自己的愤怒，可现在的你发现，你越是把愤怒当成恶魔，它反而越变越大；你越是拒绝它的存在，它反而愈加顽固。

当你还是个孩子的时候，承认父母对你的忽视或虐待似乎会对你的生命造成威胁，因为他们是你唯一可以依赖的人。如果你知道父母不会容忍你挑战他们的权威，或者你会因为为自己辩护而受到惩罚，你当然不敢贸然去批评这些对你的生存至关重要的人物。这可能会导致一种被称为"反自我"（turning against the self）的心理动力过程，这个过程让人将对他人的愤怒和怨恨转向自己。责备自己让你年幼的头脑得到了一些掌控感。你发现，与其接受自己是那么无能为力，或是承认受困于靠不住的父母的恐惧，选择相信是你自己造成了这样的局面反而更好接受。这样，你或许就能解决这个问题——成为一个更"好"的孩子，取悦他们。自我责备让你对发生在自己身上的难以忍受的不公找到了一个解释，在那一刻，它是更容易忍受的方式。正如心理学家罗纳德·费尔贝恩（Ronald Fairbairn）所说："作为一个罪人生活在上帝创造的世界里，总比生活在魔鬼创造的世界里要好一些。"

然而，将愤怒转向自己却并不是一种可持续的防御机制。如果选择内化愤怒，你会在心理上，甚至是身体上，对自己暴力。要放下过去，你就必须停止这样钻牛角尖的思维方式。事实上，愤怒就像其他所有感觉一样，没有对与错，也没有好与坏。当有人违背了你的价值观，或越过了你的底线，愤怒是一种自然的反应。愤怒的本质是寻求帮助。如果你仔细观察，你会发现愤怒背后是悲伤，那悲伤中有深深的痛苦，等待被治愈，等待被放下。只要你能这样看待它，愤怒就是一种健康的情绪，只有当你将其变成一种对付自己或别人的武器时，它才具有破坏性。如果你以正确的方式驾驭它，它会推动你采取富有成效的行动。

一开始，你可能会对为自己发声而感到内疚。你可能会担心你关心的人无法承受你说出的真相，或是你背叛了这个家庭一贯以来的思维逻辑。可是，无论你父母做的事情背后有什么样的原因，究竟是因为他们自己的童年创伤还是性格局限，都无法抵消你所遭受的痛苦。为父母的不当行为找借口，或者去保护他们，都不是你作为一个孩子应该承受的。为了引导健康的愤怒情绪，或许你可以问自己：如果发生在你身上的事情发生在你爱的孩子身上，你会做何感想？如果要在法庭上摊开陈述事情真相，你将如何维护这个孩子的权益？

处理愤怒的方法有很多种，不要试图通过合理化愤怒来摆脱它，试试看能不能引导它在你的体内游走。你可以通过声音、动作和艺术表达来做到这一点。首先把愤怒看作一种纯粹的能量，不要对其作任何价值判断。通过关注你的身体，你可以感受到愤怒在你的身体细胞中产生的脉动感。接下来，把自己想象成一条通道，愤怒可以进入它，穿过去，最终离开你的身体。如果你不是那么害怕一点一点地释放它，愤怒也就不会累积到最终爆发的程度。

一旦与自己的愤怒建立起健康的互动关系，你将看到以下变化：

- 当有人伤害你时，你会为了自己的权益奋力争取，而不是陷入低沉沮丧。
- 如果世界上发生了不公平的事情，你可以将愤怒转化为推进行动的能量。
- 如果有人越过了你的底线，你会自信地反对，但不会陷入防御状态或是咄咄逼人。

非常重要的是，你要能够平衡同情的能量和以某种形式存在的健康的愤怒，否则你可能会有错误原谅的风险。尊重你自己所忍受的痛苦是第一步，你不能跳过它去原谅别人。健康的愤怒是通过你的身体感受勇气的一扇大门，它让你头脑清醒，内心感觉有力量。当你看到它的真正本性时，你会拥抱它，甚至把它当成一种重要的生命力量来珍惜。

第三阶段：哀伤过后与现实和解

你有没有想过，为什么你的父母即使年老体弱了，还住得离你很远，却依然能触发你的糟糕情绪？即使你已经离开了他们，组建了自己的家庭，但每当和他们联系，或是拜访他们时，你还是会倒退回5岁幼童或是愤怒的青少年的情绪感受。即使你在心底明白必须放下过去往前走，却还是可能被困在过去，困在愤怒、怨恨和对它们的持续反应中。

你不是唯一一个面临这种困境的人。为了满足自己的需求，我们总是不断尝试，哪怕总是敲错门，哪怕结果一再令人失望，这是人类的共性。如果你仔细思考自己想要从与父母的互动中得到什么，你可能会发现它主要可以被归为以下几类：关注、安慰、肯定、欣赏、庆祝你的成功或成就。或许连你自己都没有意识到的是，你仍然希望你的父母能够满足你童年时没被满足的情感需求。他们可能偶尔会给你想要的，让你又燃起一丝希望，但当他们再次做出伤害你的行为时，你又后悔自己还会去尝试。这样的恶性循环一再重复。即使你明白自己已经是个成年人了，身体却依然保留着内心深处对童年时悲伤失望的记忆。因此，当他们再次让你失望时，你会有像个孩子那样的愤怒、难过、哀伤与恐惧的反应，这都是可以理解的。在心理学上，这种行为循环被称为"重复性强迫"。

乍一看，哀伤这种情绪似乎与这些无关，但在你重复性强迫的表面下，是对哀伤的回避拒绝。哀伤通常发生在我们拥有过后又失去某种东西的时候，但在这种情况下，你是在为你从未拥有过的东西而哀伤——你希望拥有的父母或你需要的童年。你依然希望、渴望那个未曾拥有过的现实。你心中的一部分依然试图让父母以你想要的方式爱你。令人难过的是，继续从他们身上寻求那些他们无法给予的东西，只会让你一次又一次失望，而他们也绝不会为此道歉。

通过哀伤这一过程，你接受了一种"有意义的痛苦"，它将最终解放你。荣格主义分析师海伦·卢克（Helen Luke）将哀伤比作地狱："我们但凡尝试逃离各种'地狱'，就永远无法摆脱束缚。只有一种方法能让我们从地狱的痛苦中解脱出来，那就是接受另一种苦难。这种苦难是一种净化，而不是毫无意义的诅咒。"在哀伤中，你粉碎了自己对于理想成长环境的希望和幻梦，你接受了一个冷酷的现实：你应得的道歉或许永远也不会到来。于是你逐渐能接受这样一个事实：你与父母的互动永远不会以你想要的方式进行，事情可能永远不会有什么改变。你的童年经历对你是不公平的，但你能得到的却仅此而已。接受现实总比试图改变它却一次次失望要好。一开始，这感觉像是接受自己的失败，但在生活中，有时候为了赢得一场战役，我们不得不放弃一场战斗。如果你能够放弃自己一直坚持的"幻想世界"，你就可以面对一个丰富而坚实的现实世界。治愈你抑郁情绪的方法，不是用快乐的感觉去替代它，而是严肃地对待它，这样你就能从另一端为它找到一个出口。

当你充分消化了自己的哀伤时，你会发现与父母的互动变得更容易了。只要你能管理好对他们的期待，你们甚至可以享受彼此的陪伴。只有清醒地认识到他人的局限，接受他们的人性特点，我们才能进入爱的王国。为你从未拥有过的东西而哀伤，接受你家庭的功能失调，会帮助你加深与他人的关系，不仅仅是与家人的关系，还包括你周围的每一个人。这个过程起初会很痛苦，但如果你能通过痛苦让灵魂的伤口愈合，你将从失望与绝望的循环中找到救赎。

第四阶段：代入共情

研究表明，很多创伤是跨越代际的。你父母身上那些不良的特质有可能不是他们自身就有的，而是来自他们曾经受过的创伤。用精神分析的术语来说，每一位父母的心中，都有一个"内向投射的坏父母"。他们"内向投射"了——也就是吸收和接受了——他们父母身上不良的那部分态度和行为。这些特质可能会在他们的行为中以双重人格的形式交替出现。他们有时很爱你，但自身压力大的时候，那个"内向投射的坏父母"就会跑出来，突然对你展现出暴怒、冷酷和残忍的那一面。放下过去这个过程的一部分，就是要学习如何在他们身上同时看到"好父母"和"坏父母"。这一阶段让你能够看到人性的复杂，没有人，包括你自己是简单的。你从你父母身上得到的，也很可能同时有滋养与失望，有亲情也有残忍。一个孩子的心智无法理解这些，但现在的你可以。如果你不再从一个受伤的孩子的角度，而是以一个成年人的角度去理解他们，你可能会看到你的父母受过多少伤害，在面对他们自己的痛苦时又是多么无助。没错，他们也因他们父母的忽视、虐待或攻击而受到过精神创伤。

花点时间，想一想他们的生活。如果有机会看到父母的老照片，你可以对照着他们年轻时的照片来做这个练习。
- 他们年轻时的梦想和追求是什么？
- 人性的残酷是如何让他们失望了？
- 是什么夺去了他们的纯真和对他人的信任？

深入观察，你会发现：
- 如果他们特别喜欢高高在上地评判你，那是因为他们也这样评判他们自己。
- 如果他们总是急于为自己辩护，那是因为在内心深处，他们对自身感到内疚与羞愧。
- 如果他们因为你的挣扎和不快乐而责备你，这可能是因为，在某种程度上，他们觉得他们对不起你。
- 如果你透过表面看向他们的内心，你会在那里看到一个受惊的孩子。

回忆一个你父母的行为让你产生强烈情绪的时刻，然后问自己："如果这是个陌生人，我将如何回应？"看看你是否能把父母视作和你一样走在探索人生的旅途中的普通人，一样在与死亡、痛苦和不确定性等大家都要面对的生活困境做斗争的普通人。这样，你就可以对他们建立起一种"冷静"的共情。这样的共情是爱的另一种形式，它不仅不会吞噬你，不会带走你，还可以扩展到其他人的身上。

现在你知道了父母的行为是源自他们曾经受到的创伤，你就不必认为他们说过的话或做过的事是针对你的。对于他们的指责，你无须对号入座，更不必对其进行互动或争论。一旦你停下火上浇油的举动，他们心中的"坏父母"找不到一个可以残忍对待的对象，一个会与它互动的敌人，便也会渐渐不再出现了。这并不意味着你赞同、接受或者容忍对你的不当对待，你只是作为一个有尊严的成年人来回应。最终，通过采用更广阔的视角来看待问题，通过代入共情，你也解放了自己。

第五阶段：建立力量

我们中的很多人，都会有意或无意地觉得自己亏欠父母。我们的舆论环境引导我们去相信，我们应该对他们的生活、他们晚年的幸福生活负责。我们的亏欠感受使我们与父母之间陷入一种纠缠的动态，或是将你自己困在拯救他们的义务中。你可能会觉得对父母负有责任，因为他们为你做出了牺牲，但这很快就会变成有害的内疚和怨恨。事实是，你不能因为忠诚和孝顺而强迫自己去爱。真正的共情是自然产生的，它不应该来源于任何由逼迫而生的责任感。

诗人卡里·纪伯伦（Kahlil Gibran）在如何为人父母这件事上给出了一些发人深省的建议：

"你的孩子不是你的孩子。

他们是生命对自身渴望的儿女。他们通过你而来，

但不是从你而来，

他们虽在你们身边，却不属于你们。"

纪伯伦把父母比作弓，孩子则是射出的箭。孩子的思想不应被父母的想法渗透，他们不应该被有条件的爱所挟持。

纪伯伦的文字启发我们重新思考，在与父母的关系中，我们是谁。你和其他事物一样，也是大自然的一部分。想象你自己是一棵小小的幼苗，你不是来自你父亲或母亲的身体，而是来自宇宙的生命之源。你就像野外的一只动物，或是森林里的一棵树，是自然界这个有机循环过程的一分子。想想自然界的循环吧，事物是被创造的，但不被谁拥有。你从土壤、阳光和雨水中获取养分，这个过程是免费的，你不需要回报谁。自然不会想让一棵橡树变成松树，不会想让一朵玫瑰变成向日葵，它只是让一切都成为它应该成为的样子。它尊重你的个人选择，希望你成长为最真实的自己。不管你有多么古怪和特立独行，都值得被爱和尊重。

你不欠你的父母任何东西，也不必对他们的全部生活负责。你不仅是你父母的孩子，更是大自然的孩子。

除了虚假责任带来的负担，你或许还受困在与父母之间的情绪循环中，因为在意识深处，你期望他们会不一样。你希望自己的父母能够做你认为合乎道德的、对他们有益或正确的事，可是，正如他们不应该控制你是谁和你选择的道路一样，你也没有权利改变他们。如果把纪伯伦的那一句"你的孩子不是你的孩子"调换一下，我们的父母也不是"我们的父母"。他们就和我们今天遇到的所有陌生人一样，也是这个世界上的普通人，有他们自己的个性与生活道路。你不需要过多干涉父母的生活，没有权利决定他们的生活应该是什么样子。在你看起来不良的、不完整的东西，可能就是他们能做到的最好的。即使不是，你也应该尊重他们的选择。他们是什么样的人，这是在你出生之前就确定的事，或许甚至连他们自己也无法控制。你可以与他们协商你们之间该如何沟通，但你无法改变他们的个性来适应你的；你可以控制自己的言行，控制自己该付出多大的努力，但你基本上没有办法控制你的父母是否会对此做出回应。

有时候，为了解放自己，你必须放下父母会用你所需要的爱和尊重来对待你的期望。当你突然与他们分开时，他们可能会报以侵略性的反应，可能会对你威胁或指责。他们可能会将你描绘成叛徒，忘恩负义或自私的人。长期以来的防御机制让他们无法真正移情，无法从你的角度看待问题。在他们的余生中，他们可能会继续专横、歇斯底里、热爱争论，而你对此无能为力。身陷这样的境地你可能会很痛苦，但现实就是如此，再多的解释也无法为你赢得公正与公平的对待。你投入越多的时间和精力在这场失败的战争中，你就离你真正想要的和应得的生活越遥远。

虽然不总是能得到道歉和救赎，但你有能力控制自己的情绪触发点，设置界限，并与家人保持健康的关系。有了一个自信的成年人应有的力量，你就有能力改变你和他们的反应方式和互动方式。如果你继续以孩子的心态与家人交往，这便在无意中操控了别人对待你的方式——继续把你当成个孩子。相对地，你可以以一个能够自立自足的成年人的方式，扎根于你自己的现实生活，摆脱有害的控制循环，开启成年人与成年人之间的交流。相互依赖的链条只有在双方都参与其中时才能维系。例如，当你开始主张自己能给他们什么，不能给他们什么的时候，他们也就不得不重新与你协商你们之间的界限问题。虽然你的家人不见得会以你希望的方式做出反应，但至少你做了你该做的。不过，在大多数情况下，一旦你主动对沟通模式进行干预，改变便会不自觉地在家庭系统中开始蔓延。

这是你的关键时刻

在有过痛苦和创伤的经历过后，我们总认为，想要让日子继续过下去，我们就得剥离这段经历，永远不去想它，或是彻底抹去这段记忆。可当你剥离了健康的愤怒，以及自我肯定的能力时，你也就切断了获得快乐和活力的途径。你对过去的否认不仅会影响你与那些让你失望的人的关系，还会影响你与你现在的朋友、伴侣和更广阔的社群之间的关系。只有让自己所有的真实情感自然流淌出来——包括愤怒与温柔——你才能活过来，享受与他人之间真实的互动。

放下过去的伤痛，这不是一个线性的、平顺的、一劳永逸的过程。真正的放下，要经由持久的、实质意义上的变化才能达成，而这样的过程，注定是周期性的、杂乱的。起初，当你打开记忆的闸门，让你过去所受过的伤害全部涌上心头，你可能会经历一段在爱与恨、怨恨与感激、依恋与疏离之间纠结摇摆的时期。在这段自我封闭的时期，你要告诉自己尽管这些不愉快的感觉是真实而强烈的，但它们并不会构成真正的威胁，通过这样的信念来坚定自己的心。让这些感觉在你身体和心灵的系统中流动。或许在愤怒的瞬间，你的世界里看不到爱与平静，但不要害怕。给自己时间哀伤，给自己时间体会失望，体会愤怒。将各种情绪都体验一遍是安全的，在这之后，当你的心准备好回归时，它自然会找到回归平静的方法。在这个过程的最后，你的内心或许依然留有伤疤，但是，随着那些开放性的伤口愈合，伤疤也就永远只会是伤疤。即便它再被触发，你也不会再感受到之前那样的情感负荷了。

> 只有跳出非黑即白的思维方式，去理解人际关系的复杂性，你才能学会宽恕。爱与愤怒的交织、伤害与挫折之间的矛盾，无一不体现着人际关系的复杂。只有学会了代入共情，你才能学会如何在不需要认可、接受或容忍他人的不良行为的情况下同样能够去爱与被爱。你可以对别人的敌意视而不见，而不是做出冲动的反应；别人对你残忍，你可以站起来用不那么咄咄逼人的方式来捍卫自己，即便你感到失望，你依然可以在内心保有对自己和他人的共情。当你有了这样全新的力量时，你可以允许自己为没能得到的东西哀伤，从而学会对自己已经拥有的东西心怀感激。你的创伤不一定非得占满你的世界，与此同时，你也不需要通过将自己的过去拒之门外来保持理智的状态。最后，你可以同时拥抱你的痛苦与快乐，因为它们都是你人生故事中的一部分。

> 在任何时候，你都可以卸下来自原生家庭的创伤这个大包袱。还自己应得的自由，什么时候开始都不晚。

视觉化练习

放下包袱

至少留出半个小时的时间来做这个视觉化练习。你可能需要准备一些纸和笔，好在过程中涂鸦或写下你的想法。

很多时候，甚至在我们离开了家这个巢穴之后，那些身体上的、情感上的和精神上的影响却依然留在我们身上，挥之不去。无论是有意还是无意，我们的行为都是由代代相传的精神印记和行为模式决定的。现在，闭上你的眼睛，想象你正携带着某种东西，它包含着你从家庭中继承来的所有不正常的价值观、信仰、习惯和世界观。将这个"东西"想象成某种让你觉得合理的形象，它可能是个袋子，是个纸箱，是个金属盒子，或是任何其他形状或形式。它是什么颜色呢？是什么材料做的？在它的里面，你可能还会看到兄弟姐妹之间的竞争，来自父母的批评、羞辱、投射、预期和他们的需要带来的创伤。你的这个包袱有多重呢？有多大？它是不是大到你根本拿不动？还是你依然可以背负着它前行？你可以把你脑海中的这个形象写下来或是画下来。

想想你是如何背负这个包袱这么长时间的。你背负它的方式,可能是有害的羞耻感,可能是毫无来由的内疚,是对世界的不信任,自卑或者自我毁灭。想想你因为它而失去的机会、爱与富足,感受一下它在你肩上的重量。

想象一下你的父母和兄弟姐妹坐在你的身后,在脑海中勾勒出他们的样子,包括面部表情和其他特征。现在,当你准备好了,转过身,给自己力量,把这个包袱还给他们。这样,你就把包袱里的东西放回了本属于它的地方。你可能需要这样做不止一次。你可以自由地移动你的身体,也可以做一些推搡、撞击和摇晃的动作。

你可以大声说出:"够了!"或是"我准备好放手了!"你也可以更具体地说出你的包袱究竟是什么。例如,"亲爱的妈妈,我把'这个世界不安全'的信条还给你"或是,"亲爱的爸爸,我不再替你背负你的耻辱了"。清空你包袱里的所有东西,直到你感觉到轻松和自由。

当你觉得可以停下来的时候,做几次深呼吸,关注你身体的感觉。你可能会有些颤抖,也可能会觉得内心宽广了一些。不管你注意到了怎样的变化,轻轻柔柔地呼吸,并确信你会自然而然地被治愈。

剪断"脐带"

这是第二个联系。想着你与之有着不健康或是相互依赖关系的家庭成员。想象他们站在你的面前,与你通过一根能量线相连。想象脐带的样子,看着它从你的腹部延伸到他们的腹部,或是从你的手掌延伸到他们的手掌。它可能是一根绳子、一条链子、一根弦或是一束光。用这根"脐带"的材料、颜色和质地来代表你情感纽带的力量强度和你们之间这份依赖的质量。你不妨把它画在一张纸上。

现在，想象一个可以帮助你切断这个联结的工具。它可以是一把剪刀、一把剑、一把小刀或是其他厉害的东西。当你准备好了，深吸一口气，为你自己和对方的共同利益，设定一个爱的目标，然后自信地剪断"脐带"。

现在你摆脱了这份不正常的联结，可以自由地表达你的想法和感受了。想象一下，如果你与家人说任何话都是安全的，那么你会说些什么。你可以告诉他们在这个家庭中成长是什么感觉，告诉他们多年来你身上累积的伤痛和创伤，告诉他们你从未被满足的需求和渴望。

诚实地去感觉你身体此刻的感受。

花一点时间来接受这个练习过后自己身体上发生的任何变化。

你可以用这个仪式来帮助自己从依恋关系中独立出来。不管对方是否还在世，在情感上与父母分离都是你从走出来到真正活出自我的必不可少的一步。剪断"脐带"并不意味着你失去了这个人，或是与他们的联结（虽然在某些情况下，这可能是必要的）。你剪断的只是这段关系中不健康的、相互依赖的那部分，剪断它们，对你们的关系中健康的部分其实是一种增强和保护。

第六章

爱情与亲密关系

在做自己的前提下找到真爱

情绪强烈的人是充满激情的爱人,但也正是超高共情力、极快的行动速度和强烈的直觉,让他们在这方面面临特定的挑战。在这一节中,我们将探讨一些你在亲密关系中可能面临的障碍(或是无法建立起亲密关系的现状),以及你能为之做些什么。

你会感到无聊和不安

如果你是一个情绪强烈的人,你思维和行动的节奏可能会比绝大部分人都要快。当你的伴侣或潜在伴侣在掌握事物的复杂性和收集信息的能力方面落后于你时,你会不自觉地变得不耐烦。由于你极富想象力,又精力充沛,你为这段关系注入的想法与灵感会让你的伴侣追不上。这样,最终的结果就是你负责你们关系中的大部分决定,主导大部分对话,于是支配了整段关系,尽管你根本不想这样。

在智力和精神层面从不间断的追求是你生活的主旋律。你对学习新事物充满热情，对世界上的未解之谜充满好奇，而你的另一半则可能满足于这世上的"已知"，无法与你分享这份热情。你不会停下探索新奇体验和精神挑战的脚步。在这种情况下，如果你拓宽自己视野和意识边界的速度比你的伴侣快得多，你们之间的共同点就会越来越少。这将会造成一个令人悲伤的局面：尽管你们互相关心，彼此深爱，但彼此的生活方式、个人发展水平和精神深度的差距最终会让你们难以承受这段关系。到了这种时候，你可能会感到缺乏刺激，觉得受困于这段感情。

你需要大量的独处时间

你富有想象力，内心丰沛充盈，兴趣广泛。当你痴迷于一个爱好、项目或者想法的时候，你的大脑会不停运转。灵感来临的时候你会拼命工作，晚上可能也不会按时休息。你的内心非常清楚自己有潜力取得伟大的成就，所以你要充分利用所有的时间。如果你的伴侣不是这样的人，他们可能会认为你太极端了。

创造性的工作和创业者式的追求都是需要独处才能进行的，此外你也需要独处来锻炼你的想象力。但一旦处于一段忠诚的关系中，这样的时间可能就不够了。你可能会长时间专注于自己脑中的这件事，享受挑战，而看电影、聚会这样的社交活动可能会让你感觉像只困兽。与自己独处时所进行的智力和精神冒险相比，与伴侣相处的时光可能会让你越来越觉得没有吸引力。另外，他们可能会觉得受到冷落，让你为自己需要更多独处时间而内疚。

在复杂的世界寻找同频伴侣

我们的世界变得越来越复杂,这对敏感的人来说是一个挑战,尤其是在追寻爱情的途中。世界前进的速度太快,我们的灵魂已经追赶不上,正直诚实的高贵品质好像也变得越来越不重要。有研究表明,在网上约会时,人们倾向于表现出自己希望被别人看到的样子,而不是真实的自己,为此还会不惜撒谎,而这让追求真实的你感到沮丧不已。了解一个人需要耐心,需要付出真心,可这些美德已经日益变得稀缺。与当下的社会惯例相比,你需要更多的时间去了解一个人,并且对你而言,在缺少情感和灵魂联结的情况下谈论性大概是不可接受的。你思维的广度和深度使你与大众格格不入,在这种情况下,你需要花费更多的时间和精力才能找到与你频率相合的人。

你的伴侣不理解你的敏感

很多情绪强烈者都会有一些身体上的敏感特质,如会在噪声大时感到不安,不喜欢过多的感官输入,在人群中待一段时间就需要放松一下。受到感官刺激的时候,你的身体会产生一些不良反应,像是过敏、头痛、疲劳等。让你的伴侣或潜在伴侣兴奋的事情可能会让你恼火——过山车、吵闹的音乐、持续的背景噪声、令你沮丧的幽默、过于浓烈的香水……你的需求是合理的,虽然在一段两人关系里,你们可能需要明确、果断的沟通来解决这些分歧。如果你的另一半用"太过了""太戏剧化了""太难搞了"之类的言辞来批评你,你必须尊重自己,坚持自己的立场,不要相信自己有问题。

你能捕捉到每一个小情绪和细微的不同

敏感意味着你拥有强烈的直觉。你有高度的洞察力,能注意到许多社交关系和人际互动中的小小变化。一旦涉及与你亲密的人,这种直觉更将变得格外敏锐。当你的伴侣对你不诚实时,你能够感觉得到;当他们沮丧或生气时,你甚至在他们自己发觉之前就感受到了。由于你的超强共情力,你"吸收"了他们的感受,甚至代替他们感受到了那些感受。作为一个情绪上更加敏感的人,你在这段关系中总是提出问题或是开启有意义的对话的那个人。你敏锐的感知力会产生两个问题:

- 做另一半的情感海绵会让你筋疲力尽。没有健康的情感界限,你终将燃尽自己。
- 由于总被你看穿,你的另一半会感觉被你吓到,或是受到你的侵犯。

你总是优先考虑别人的需求

由于天生有着超高共情力,你可能总是以这样或那样的方式——身体上或是情感上、有形的或无形的方式——扮演着照顾者的角色。如果你的父母很脆弱,或是没能承担应有的职责,在你们的家庭中很可能是你,这个最敏感、直觉最敏锐的孩子,成了个"小大人"。你可能会是你的兄弟姐妹和父母的倾诉对象,甚至扮演了心理治疗师的角色。或许你成长得太快,太早熟,习惯了先考虑别人再考虑自己。你常常感觉自己处在"自动驾驶"的状态,却对你的伴侣未说出口的需求和愿望了如指掌,有时甚至不等他们开口,便已经着手试图解决他们的问题。

如果你从未有过机会表达自己的需求并让它们得到满足，那么现在的你不知该如何寻求帮助就非常可以理解了。你可能不愿与你的伴侣分享你的痛苦和弱点，即使他们试图帮助你，可能也会觉得你的心上筑了一道墙。这会让你们双方都在这段关系中感觉到孤独。

给情绪强烈者的建议

思考一下生活伙伴与灵魂伴侣之间的区别

我们的社会长期存在着一个文化误区，那就是所有人都需要找到一个"特别的唯一"。但作为一个情绪强烈的人，要找到一个在身体、情感、精神、智力等方面都能满足你的人，几乎是个不可能完成的任务。或许在性方面吸引你的人在情感上却很疏离，而让你觉得亲切的人却无法在智力上与你匹敌。一条或许有用的策略是，思考一下生活伙伴与灵魂伴侣之间的区别，想想这两者是否需要是同一个人。

生活伙伴是你值得信赖的人，能够与你一起承担家务、养儿育女等生活重任。他们是你最好的朋友和支持你的力量。或许你们之间不再有，甚至从来没有过令人振奋的精神上的联结，但他们让你感受到平静和被爱。

灵魂伴侣是能够触及你灵魂深处的人。这个人能跟上你箭一般的思维速度，分享你天马行空的想象，为你的激动而激动，也能看到你的直觉所看到的。他们懂得你的幽默，激发你去思考与学习，在他们眼里，你也永远不会"太过了"。当你与他们在一起时，你会感到兴奋，你们互相理解，沟通也毫不费力。

在心理学关于爱的理论中，共情的爱与激情的爱是有所区分的。共情的爱带来的是相互尊重与信任的感觉，激情的爱带来的则是强烈的感受与"强烈渴望结合在一起"的状态。在与生活伙伴的关系中，我们可以得到前者，当我们迷恋灵魂伴侣时，拥有的则是后者。

有些情绪强烈者能够很幸运地找到一个既是灵魂伴侣也是生活伙伴的人，但更多人终其一生都在寻找一个各方面都与自己"完美匹配"的人，得到的却只是一次又一次的失望。

如果你把对生活伙伴和灵魂伴侣的追求区分开来，你就能分清自己更需要哪一个，并据此来设计自己的生活道路。你可能会满足于拥有一个并非灵魂伴侣的生活伙伴，并在别处寻求智力刺激、情感联系与精神结合。毕竟，你的灵魂伴侣可以是朋友、老师甚至是家庭成员。或者，你也可以把寻找灵魂伴侣当成自己的使命，拒绝妥协。这两种选择无所谓对错，只是取决于你自己的需要罢了。你要知道的是，能够清楚知道自己想要什么并且选择自己的道路，这将让你免于怨恨，也避免内心挣扎和朝向错误的方向努力。

不要互相指责——这不是你"情绪太强烈"的问题

对于身边发生的事情，我们都有自己默认的防御机制或是应对策略，而你的防御机制很有可能与你伴侣的防御机制发生冲突。当你身处一段关系中的时候，你可能会陷入一个不断重复的冲突循环。一对伴侣间有一种常见的模式，就是"追逐者-退缩者"模式。在这种模式中，一方扮演"追逐者"，另一方则扮演"退缩者"。追求者即便在冲突时也想要保持与对方的关系，比起让事情自然而然地过去，他们更愿意让争执继续。当你感觉到不确定时，你会寻求安慰与支持，而如果伴侣将你拒之门外，你会更努力地想要靠近。你可能会提高音量，批评你的伴侣，或者迫使其做出回应。对你而言，对方的不直接对抗反而是一种挑衅。消极接受让你恼怒，闭口不谈比激烈的言辞更伤人。而"退缩者"一方会认为"追逐者"的行动咄咄逼人，甚至带有攻击性。

许多情绪强烈者都是"追逐者"，但根据你早期的生活经历和依恋类型，你也有可能在一段关系中扮演"退缩者"的角色。作为一个"退缩者"，你会想方设法逃避冲突。正因为你的情绪强烈，你需要屏蔽自己的情绪，免得被压得喘不过气来。与其和你的伴侣一起解决问题，你更愿意先沉浸在自己的空间冷静一下，解决自己的问题。你可能会避免眼神接触，转身走开或是保持沉默。你试图通过远离这一切来保持平静。当你的伴侣愤怒时，你可能会觉得此刻不管说什么或做什么都不安全，只有当他们冷静下来后，你才觉得足够安全，可以重新开始沟通。

当一对伴侣争吵时，双方都会试图把责任推到对方身上，甚至上升至人身攻击。而如果把视角放宽一些，你会看到这个过程是相互的，而不是单方面的。你们两人都是这个模式的参与者和维持者。例如，如果你的伴侣没有"退缩"，你就无须"追逐"。与之相对地，如果你没有提高声音，对方可能反而更愿意敞开心扉。你感到自己的心声没有被听到，你没有被爱，便可能会更积极主动地寻求安慰。与此同时，你的伴侣会感到窒息、有压力，甚至觉得受到攻击，从而愈加封闭自己。你们被锁定在这个模式中，每个人的应对和防御方式都被强化了。

当你们再陷入这种熟悉的循环时，后退一步。尽量不要掉入承担所有责任的陷阱，尤其是当你的伴侣指责你"过度敏感"或是"太过了"的时候。与此同时，认清你在这其中扮演的是哪一类角色，以及你之前还没看到的自己身上的隐藏特性。尽可能地把自己的注意力从表层的冲突转移到掩藏在表象之下的渴望和脆弱上。前面提到的两类应对策略都包含着渴望被关注的情感需求。"追逐者"的背后是害怕被抛弃，以及情感上的孤独；"逃避者"的需求背后，则是对愤怒与攻击、无助感、作为伴侣的失败感的无法消化和分离性创伤。将注意力转移到你自己和伴侣的情感创伤与内心需求上，这会让你记住你们共有的人性，这样你的心态便会从责备转向同情和共情。

沟通节奏不匹配

沟通节奏不匹配是情绪强烈者在一段亲密关系中常常会面临的另一个问题，尤其是当双方的处事方式不一致时。

伴侣之间最常见的抱怨就是一方打断了另一方的话，不让对方把话说完。事实证明，对于对方在谈话中可以说多久，以及自己能够容忍多少细节陈述，不同的人有着不同的期待。这其中的一些差异可以用性格系统来解释，如迈尔斯·布里格斯性格类型指标（MBTI）。在MBTI中，对感觉／直觉功能的倾向性描述了一个人处理信息的方式。倾向于"感觉"的人关注的是当下和事实，他们往往关注具体的事物，是注重实际的思考者。与之相对，倾向于"直觉"的人留意事物的普遍规律，用隐喻的方式来表达，依赖印象来处理信息。他们富有想象力，更看重灵感，而不是事物的具体意义。

"感觉型"与"直觉型"思维方式的区别，决定了你在谈话中主要关注的内容。直觉型的人更关注广阔的图景，而感觉型的人更倾向于关注可观察到的细节。大多数人是感觉型的，但情绪强烈者往往是直觉型的。每个人的倾向也并不是一成不变的，而是有可能在两种类型之间切换。如果你大多数时候是一个直觉型的人，你可能会发现自己在谈话过程中不断被感觉型的伴侣打断，试图收集信息或是纠正你。对他们来说，必须纠正这些细节，才能让你继续说下去。可对你而言，这些细节可远没有叙述的流畅性和更广阔的图景那么重要。

直觉型的人喜欢思考不同的可能性，想出新点子。当你受到外界刺激时，你会从一个点跳到另一个点，拼凑出"大图景"，跳过细节。你可能拥有发散性的思维方式，大脑会在各种想法之间跟随想象建立起疯狂的联系。而作为谈话对象的你的感觉型伴侣可能很难跟上你抽象的想法和思路。他们更喜欢精确、具体、线性的语言表达。你跳跃的思维让他们无所适从。若你是说话者，当你的感觉型伴侣冲动地回应你认为不相关的细节，或是强迫症般地去纠正任何听起来不太正确的东西，从而打乱你的叙述节奏时，你会感到恼火。在你看来，他们为了一棵树而忽视了整片森林。另外，若你是听众，被迫听他们诉说大量细节会让你很难受，你更关注这些背后的思想和逻辑。你的大脑无法将注意力集中在当下，专注于对方所说的内容，它忙着产生更深入的见解。

在相处的实践中，你们面临的这一挑战可能有较为简单的解决方案。夫妻心理咨询师艾伦·瓦赫特尔（Ellen Wachtel）的建议是，提前约定好双方要倾听多久才可以插话。说话者可以时不时地承认他们的伴侣已经听了很长的时间，并邀请对方表达意见，而不要等到对方不耐烦，忍不住打断。要让倾听的一方感觉到这是一段有来有往的对话，而不是只能听着。

沟通节奏不匹配有时会唤起过去的创伤，或带来更深层次的相处动态的问题，这时它就变成了一个复杂的问题。但就其本身而言，这样的差异是可以调和的，甚至是可以利用的，可以促进双方的成长，让彼此更加亲密无间。请记住，你们生来就有不同的认知方式，也有不同的生存方式。每一种类型都有其各自的优点，没有哪一种比另一种更优越。有时候，你的伴侣对理论和抽象事物的不感兴趣正是一种优势，或许他们对细节的敏锐观察正是你实现抽象大愿景的过程中所需要的，他们的脚踏实地可以帮助你在想象力过于信马由缰时将你拉回现实。你无须追求伴侣与你在心智上的匹配。他们并不是你的洞察和想法的来源，你自己才是。如果你能让他们知道，他们的存在对你已经足够了，这也能将他们从跟不上你跳脱的思维的压力中解脱出来。并且，如果他们没有那么大的压力，不必总是担心自己对你而言毫无用处，他们可能也就不会总想要那么频繁地插话了。

个性的冲突有时也是一种美。尽管在日常生活中这样的冲突可能会给你们带来一些困难，但它同时也可能是你们关系中最宝贵的部分。

管理你对亲密关系的预期

生活中有许多事情都是你可以控制的，但另一个人的脾气却不在其中。

在一段健康的关系中，双方都必须学会看到和接受对方独特的"爱的语言"，而不是坚持要求对方必须按照你想要的方式来满足你的需求。每一个人都有他表达爱的不同方式、频率和强烈程度。例如，你所爱的人可能永远冷静镇定地待在你身边，但在需要确实的解决方案或具体的努力时却有所欠缺。有些爱人可能会通过很实在的行动来表达爱，却不善表达情感。他们或许无法用美丽的语言来取悦你，却是你在危急时刻可以依靠的人。有些伴侣或许从来不会在你枕边放下玫瑰，却能永远把家务处理得妥妥帖帖。

如果你能从"事情应该如何"的固定参照系中退后一步，你就打开了一扇门，打开了一扇你之前错过的表达爱意的大门。在你对对方感到失望的时候，试着从共情的角度去思考一下你的伴侣的禁忌、不安全感和脆弱之处，问问自己：什么样的创伤可能会限制他们表达爱？如果他们没能用言语来表达，那么他们又采取了一些什么样的行动呢？清楚地认识他们的局限性或许能够让你换个角度看问题：会不会你眼中拒绝的行为，其实恰恰是对方在笨拙地表达爱意？会不会你所感受到的忽视与不在意，其实正是对方此刻感受的外在投射呢？这一切会不会是因为，对方比你更加为自身的局限而感到沮丧？

没有一个人能全方位地满足你的需求，甚至那个所谓的"灵魂伴侣"也不可能。感情从来都不是完美的，也注定不可能是完美的。正是每一次的失望、愤怒和冲突，促进了你们的成长，让你们变得更好。正是这样的冲突与摩擦，让你心中那个理想主义的声音与现实妥协，让你放下那些总希望事情按照你喜欢的方式进行的孩子气的愿望，阻止你把爱人变成你的又一个父母，逼迫你找到自己内心的归属。

一个人成熟最重要的标志之一，就是学会接受现实本身并从中获得滋养，不再总是想着要满足一己之私。这并不意味着你要变得被动或是不作为，而是要学会用聪明一点的方式去努力。要学会识别哪些东西是你能够改变的，哪些不是，你才能将期待和精力放在恰当的地方。"为缺失的东西哀伤，为存在的一切感恩"，这是人生非常重要的一课，它不仅会让你的人际关系变得更加丰富，还会丰富你的整个人生。在一段不完美的关系中，你非但不会是一个妨碍者，反而会被训练成一个有韧性的成年人，能够接受矛盾，接受紧张，同时享受这个世界——即便它是那么的不完美。

留心别让自己关闭心门

你曾经受过伤害和背叛，这可能发生在你的童年，也可能是在之前的感情里。因为这个，你或许会在自己周围筑起一道高墙。可能你本无意如此，却下意识地产生了这样一种自动的保护机制。就像电路中的熔断保护一样，当疼痛太剧烈时，你的系统就会自动"关机"。你现在的思维模式是这样的："我不需要任何人""其他人都不可靠""信任一个人太危险了""别人会伤害我，我可没法再经受一次这样的伤害了"……你的这堵高墙有不同的表现形式，如情感上的超然、感觉空虚、回避社交、冷漠又傲慢的外表、玩世不恭和过度理智化的倾向等。你可能会通过不停忙碌、吸毒、酗酒、染上各种瘾，或是在与他人进行表面化的交流时表现出一副热爱交际的样子等方式来麻痹自己的心。你会抑制你的激情，藏起你的感情。你阻止自己坠入爱河，确保不露出自己脆弱的一面。你的保护罩或许能带给你安全感，让你觉得自己更能掌控局面，但却让你一直处在一片不毛之地。冻结自己爱的能力是一种幼稚的对抗生活的方式，它并不可持续。

打破这种麻木是一个循序渐进地建立同情与自爱的过程。当你想要关闭心门的时候，与其将这种想法视作敌人，不如对它友善些、温柔些。意识到它的存在是第一步，在此基础上你可以去寻找它的根源。你曾经受过创伤，但现在的你比以前可要坚强多了。尽管无法避免生活中的失望，但你一定能够跨越它们。每次朝前迈出一小步，总有一天你能够做到再次敞开心扉面对一段亲密关系。没错，亲密关系中也会有风险，它也是一场冒险，但它值得你为之付出努力。我们将在下一节"逃离亲密"中更深入地探讨这个问题。

表达真实的自己

长期以来，你总和周围有些格格不入，别人总用在你身上的那些带"太"字的评价（"太严肃了""情绪太过强烈""心思太复杂""太情绪化了"等）也都逐渐被你内化，这让你很难爱自己。当你的成长环境无法接受你的敏感时，你也就不会知道该如何拥抱自己的这一特质。你习惯了成为身边每个人的情感守护者，反而无法捍卫自己无条件被爱的权利。爱自己，要从了解自己开始。你必须花时间弄清楚什么对你来说是最重要的——你的价值观、信仰和你生活中的优先级，你还要知道，你应该去追求自己需要的东西。

最重要的一点，是你要给自己表达的权利。在过去，走到聚光灯下可能会招致他人的嫉妒和攻击，这让你学会了为了安全而放弃做真实的自己。你可能一辈子都在试图隐藏，试图顺从，保持沉默。这种保护策略已经失效，现在，你若想找到一个能欣赏你强烈情绪的人，唯一的方法就是将它表达出来。

你的人生目标不是让自己变得完美，而是让自己对自己的爱变得完美。不管有没有在这个世界上找到爱侣，你都可以学着拥抱自己，拥抱自己积极的那一面，也拥抱自己消极的那一面，拥抱你的魅力，拥抱你的缺点。不是你的长相，也不是你做了多少事、你吸引了多少人，决定了你是否值得被爱。你有独特的价值，是由于你是大自然的造物。每一棵树、每一朵花都有自己独特的形状和大小，你生来就有权利展现自己的光芒。请不要让世界失去你的光芒。世界上总有和你一样的人正在寻找你，只有当你以真实的样子出现时，他们才能找到你。

别太执着于结果，享受每一天

一个情绪强烈又很有能力的人，总习惯于掌控一切。然而，在爱情中，却并不是一分耕耘就会有一分收获。你基本上没有办法掌控你会遇见谁，什么时候遇见，怎样遇见，接下来会发生什么。

当你审视人生时，你会明白你永远也无法预知接下来会发生什么——你曾经拒绝的东西可能会成为通向成功的大门，你曾经着迷的东西可能会带你走向地狱。我们常常心心念念自己不需要的东西，却忽略了就在眼皮下的命运馈赠。因此，放下对结果的执迷吧。你可以有欲望，你也可以设定好自己的目标；你可以努力寻找你想要的爱，同时保持身边已经拥有的爱，但请尽量避免陷入自己可以掌控一切的幻觉。你可以在拥有采取行动的力量和意愿的同时，放下追求特定结果的执念，关键在于如何把握其中的平衡。

生活不是候车大厅。如果你一定要等到完美的爱情到来，才能真正开始好好生活，你很可能会一辈子都在等待。

> 即使你不满足于现在自己所拥有的，也要提醒自己，眼下的这一刻你只能拥有一次，总有一天你会怀念此刻。

不要总去关注你缺乏什么，而要感恩你现在拥有的一切。生命中的每一刻，包括等待、孤独、分离、思念和悲伤，都是勾勒出你人生画布的一抹色彩。接受当下并不意味着消极被动，它意味着你把爱的意识灌输到生命的每一刻，这样等到生命结束的那一天，不管发生什么，你都知道你已经完整地活过了。

> **爱的邀请函**
>
> 　　若是要我给你一条建议，我会说：永远不要为了追求一种虚幻的安全感，牺牲掉你的活力与热情。你可能经历过梦想与梦碎，你可能会绝望。可正是透过裂缝，光才能照进来。不管你受的伤有多重，它都只是暂时的。但你若是因此而麻木了自己的灵魂，那才真是把自己生命中一去不回的时间出卖给了魔鬼。生活是在黑暗与光明、快乐与痛苦、信任与背叛之间跳舞，爱也是。无论你走到哪里，身边永远潜藏着小风险，但你也有无穷的力量来承受所有的暴风雨。去爱吧，即使摔倒了，爬起来再继续爱。当你来到生命的最后一天，你会回头看，并意识到，体现你生命价值的，正是这些高峰与低谷间的起起伏伏。

日记练习："当我坠入爱河……"

　　用视觉化的日记的形式，在以下句子中填空，利用这些提示，写出陈述或是诗歌。

　　尽量不要想太多，也不要去想你的话背后的深意。

　　让你顽皮、自然的一面占据主导。无论你想到或写下什么，它都是有价值的信息，给你人生的下一步带来提示。

　　当我坠入爱河，我_____。

对我来说，生活伙伴是_____。

对我来说，灵魂伴侣是_____。

_____让我兴奋。

_____让我感到安全。

对我来说，一段令人满足的关系意味着_____。

在我最疯狂的幻想中，我_____。

对我来说，_____的感觉很重要。

我永远不会说出来，却想要其他人知道的是，我_____。

在一段感情中，我经常表现得好像_____。

在一段感情中，我最担心的事情是_____。

我很后悔_____。

我最能感觉到被爱的时刻是_____。

我生命中感到最充实的时候是_____。

当_____的时候，我感到无聊和缺乏感官刺激。

当_____的时候，我会关闭心门。

我希望我能放下_____。

我很担心我会_____。

当_____的时候，我最爱我自己。

从我的伴侣那里，我想要得到的是_____。

从我的伴侣那里，我需要的是_____。

回看一下你填好的句子，其中有哪些是有力的、令人惊讶的或是给你启发的？

你的以上陈述，说明了你目前什么样的价值观、需求和愿望？

你能做些什么来让自己的感情生活更令你满足呢？

对于被抛弃的恐惧

某种程度的焦虑是人际关系的重要组成部分。被某人吸引并产生依恋感会让我们感到脆弱，而亲密关系往往会让我们过去未曾治愈的恐惧再次浮上水面。我们可以将我们对感情的恐惧大致分为两大类：

· 对于被抛弃、被拒绝的恐惧。

· 对于被吞没、失去自我的恐惧。

在这一节中，我们集中讨论对于被抛弃的恐惧。害怕被你所爱的和依赖着的人抛弃，这本身并不是一种病态，而是一种根植于我们生存机制中的原始恐惧。只有当你被恐惧所淹没，并且任由恐惧驱动你的所有行为时，它才是一种功能失调。当你非常害怕被抛弃时，你可能会有不切实际的要求、预期和期望。为了帮助你找到摆脱这种极具破坏性的模式的方法，我们将介绍客体恒常性的概念，可能造成这类恐惧的童年经历，以及我们该如何停止将过去代入现在。

你是否挣扎在对于被抛弃的恐惧中

如果你的身上有以下迹象，可能就说明你身上存在对于被抛弃的过度恐惧：

- 即使处在一段长期关系中，你也会经常感到疑虑：我的爱人会在我需要的时候出现吗？我对对方而言重要吗？如果我表达自己真实的感受，我会被拒绝吗？
- 当你依恋的人不在身边时，你会感觉到空虚。
- 你生活在一种无法解释的焦虑中，总在担心某个对你很重要的人会受到伤害、被杀或突然消失。
- 你总是很警惕，总在留心你的伴侣可能要离开你的一切迹象。
- 当其他人"离开了你的视线"时，你不会相信他们心里还想着你。
- 你通过酗酒、赌博、一些强迫性的习惯、疯狂工作或情感麻木等上瘾行为来应对孤独。
- 即便是最细微的不赞成或批评的迹象，也会惹到你。当别人没有明确地表达对你的赞美或对你的感情时，你会担心他们对你的看法。
- 你总把自己与他人比较，认为自己不那么讨人喜欢。你不断从别人那里寻求肯定和安慰，可当他们赞美你时，你又很难真正接受。
- 你总倾向于理想化你的伴侣，并对他们过度着迷，尤其是在一段感情刚刚开始的时候。
- 你对他人的感觉会在两个极端之间摇摆。前一天，某人还是你生命中的挚爱，第二天你就决定完全收回你的信任。有时候你似乎只能选择依赖他人，有时候你又不想让自己拥有任何希望。
- 你渴望被爱，但当你得到爱的时候，却又认为它很快就会消失。你无法全心全意地享受亲密。
- 你追求自己注定无法得到的浪漫，因为在内心深处，你并不相信自己能得到渴望的那种爱情。
- 当你认真走进一段关系时，总是很容易产生依赖感，而对"危险信号"视而不见。你也很容易陷在一段不健康的关系中太长时间。当别人离开你的时候，你会责怪自己不够好。
- 对于那些你觉得自己被误解、被冤枉的事，你会长时间地耿耿于怀，在心中反复思量。
- 你可能有面对冲突时愤然离开的坏习惯，以为什么时候准备好了可以随时再回来。你低估了这种习惯给你们的感情带来的压力，直到最后你的伴侣威胁要离开你。
- 你花了很多精力去关心别人，当这些努力没有得到回报时，你便会心生怨恨。别人的不体贴总让你很受伤。
- 你对所爱之人的感情是复杂的。你寻求亲近，当对方做不到时，你会感到愤怒，所以你总在强求与无助之间摇摆。
- 你会因感情压力而分心，以至于在工作或度假时都很难集中注意力。

是什么让你如此恐惧

有很多原因都可能造成对于被抛弃的过度恐惧，如糟糕的感情经历和创伤后的压力。在依恋理论中，害怕被抛弃与一种被称为"焦虑矛盾"的依恋类型密切相关。如果童年时期的照顾者反复无常、情绪不稳定或是具有入侵性，你可能就会形成这样的情绪模式。如果一些早期的形成性经历，例如之前的婚姻，以类似的方式在你身上留下了伤疤，也会造成这样的情况。

当爱反复无常

你接收到的爱反复无常，就有可能造成对于被抛弃的恐惧。或许在童年时期，你的照顾者前一天还对你很好，第二天却突然变得很残酷，前一天还很温暖，第二天又变得很冷酷。你的父母可能没有办法容忍亲密，他们害怕在真实坦诚的交流中流露出温柔和脆弱，所以每当感觉自己快要卸下防备的时候，就会立即关闭心门。你或许发现了，每当你刚要开始与他们同享一个温暖亲密的时刻时，他们就会突然说出些严厉的话，拒绝你或是做点什么把你推开。这会让你感到震惊和失望，甚至为自己居然会相信他们而痛责自己。由于一直都在面对被抛弃的威胁，你从来没能将安全感内化。你对爱的渴望只在偶尔得到满足，或只是得到部分满足，却从来没有得到充分的满足。在这样的反反复复中，你永远无法放松下来，总是在提防下一次爱的突然消失，或者是愤怒的爆发。

或许你的父母并没有完全把你拒之门外，而是更糟——他们时而拒绝你，时而表达对你的爱。这种波动让你依然拥有得到需要的东西的可能性，于是很难彻底放弃希望。在尝试赢得他们爱的过程中，你可能变成了一个"好孩子"，尽其所能取悦他们，也可能你通过发脾气来愤怒地抗议。由于你的这些行为偶尔能够帮助你得到想要的东西，你会忍不住继续尝试。最终，这种在愤怒和黏人之间摇摆的模式将会演变成一个成瘾循环。即便在父母身边你不再表现出同样的行为方式，但当亲密伴侣进入你的生活时，这些依恋行为便会重复出现。

当你的父母高度焦虑

由于自身不够成熟，能力不足，高度焦虑的父母可能会让自己的缺点影响到孩子自主和成长的需求。他们用过度的保护让你窒息，可能也限制了你探索世界、犯错误和从经验中学习的机会，从而削弱了你的自信。在这样的情况下，你可能会在实现发展目标、建立健康的人际关系和获得自我意识方面受到阻碍。在吸收了他们的分离焦虑之后，你会觉得自己对于自主性的需求像是一种背叛，并为此感到内疚。换句话说，你已经被培养出了害怕分离的习惯，并且相信自己无法自力更生。焦虑的父母与公然虐待孩子的父母不一样，他们并不是想要吓唬自己的孩子，但他们自己也曾经是被吓坏的孩子。他们通过自己的焦躁和小题大做的倾向，向孩子灌输了这样的信息："世界是个危险的地方"，"别人都不值得信任"。由于他们在试图保护自己的家人时有强烈的控制欲，这份对外面世界的恐惧就一代代传了下去，而他们的分离焦虑变成了孩子对于被抛弃的恐惧，这样的孩子即便长大了，也很难放下一切。

理解客体恒常性

要理解对于被抛弃的过度恐惧背后的心理学知识,让我们先来看看一个心理学概念:客体恒常性。它指的是,即便存在冲突、分歧,或者对方不在我们面前,我们也依然能感觉到情感联结不受改变的能力。

客体恒常性发轫于一种叫作"客体永久性"的认知能力。客体永久性是对客体属性的一种理解,也就是即便客体被隐藏,或是不能被看到、听到或触摸到,也不会改变它依然存在的事实。如果你曾经和婴儿玩过躲猫猫的游戏,你会知道当你把脸藏起来的时候,他们就会认为你已经不存在了。当你把玩具放到毯子下面时,他们就要开始找。这就是因为他们还没有发展出客体永久性的认知能力,他们的大脑只能理解他们真真切切看到的东西的存在。

客体永久性主要针对的是物质意义上的客体,客体恒常性则是你在脑海中确认其他人的存在,并相信他们即使暂时不在你身边,即使暂时与你发生了冲突,你也依然存在于他们心中。如果你的童年经历是稳定的,并且得到了好的养育,你便能够将安全感内化,不需要别人总是在你身边也能知道自己是被爱着的。与之相对地,如果父母对你的养育是混乱的、反复无常的、有入侵性的,你就失去了内化自我安慰、自我约束和自我鼓励这些能力的机会。最终的结果是,你需要一个外部对象来填补内心的空虚。

如果缺失了客体恒常性,你与他人建立联结的方式就是碎片化的,而不是整体性的。就像一个孩子发现自己的妈妈有时奖励他，有时却让他灰心，他无法理解这些都是一个完整的人身上不同的方面。你也不太容易接受你和其他人身上都有好的和坏的不同方面。你可能会觉得感情不可靠，让你变得脆弱，而这一切都取决于你在某个时刻的情绪。

作为成年人，我们需要客体恒常性才能享受一段恋情，并从中得到满足。有了客体恒常性，即便你所爱的人不在你身边，只要他们告诉你他们在哪里，让你放心，你就依然能感受到与他们的联结，因为你相信你在他们心中有一个位置。可如果没有了客体恒常性，他们哪怕只是一刻不在你身边，你都会觉得他们仿佛消失了，或是要将你抛弃。当爱人不在身边，也不接电话、不回消息的时候，你对于被抛弃的恐惧就会出现。当他需要一点空间时，你就会感到孤独。当你们陷入一场争吵时，你很难从冲突中恢复，相信一切都好了。由于另一半的来来去去都会让你感到怀疑，怀疑他的爱，你一直都生活在恐惧中。

用现在治愈过去

我们常常希望借由当下的恋情来满足我们内心最深处未被满足的需求和渴望，填补心中的缺口，治愈我们的伤痛——尽管这一切都是无意识的。在精神分析中，这被称为"移情"，我们想从亲密的人那里得到我们童年被剥夺的东西，通常是被我们的原生家庭所剥夺的东西。我们重复着同样的故事，但暗地里希望能够有不同的结局。

当被抛弃的恐惧被触发，它可能会引起原始的、非常极端的反应。你可能会尖叫、大喊，变得黏人，变得对对方苛求，变得占有欲极强。而在这一切爆发出来后，羞耻和自责也随之而来，进一步破坏你们的关系和你的自我意识。在移情中，你面临着痛苦的两难境地：由于害怕被人再次伤害，你想要推开他们；但同时你也希望他们能来靠近你，满足你内心深处的渴望。这或许与你小时候面对不可靠的照顾者时的处境很像。对你周围的人来说，你对于人与人之间距离感的反应似乎不成比例。然而，你会有这样的反应，这并不是你的错。这是因为你的情绪闪回到了童年时对生存艰难的恐惧。你是在孤注一掷地尝试，想要以象征的形式，赢得原本应该得到的父母的爱。如果你认为自己的行为来源于被压抑或解离的创伤——想想一个两岁的孩子被一个人抛下会是什么样的情况吧，在那种情况下，强烈的恐惧、愤怒和绝望都是能够理解的。看到这一点，你或许能够做到以自我同情的态度来接近真实的自我，而不是进一步的自我贬损。

如果你也为被抛弃的恐惧而困扰，很可能你也受困于过去的伤痛而不自知。你在过去的经历里失去的或许是典型的父母，是纯真的童年，是安全感，家的感觉，或是深信自己对某人很特别的信念。你在你的伴侣身上寻找理想父母的形象，因为你被过去的经历深深伤害，不敢相信自己错过了什么。所有的孩子都有这样一种发展需求，他们需要一个他们认为"全能的、无所不知的、完美的"人物形象。超人之所以让全世界喜爱，正是因为他的身上体现了我们最基本的渴望。过早地发现父母的诸多不完美会造成创伤，因为这违背了你的内在需求。你并非从一开始就是孤儿,恰恰相反,你品尝过了爱与安全的诱人滋味,它们却被从你身边夺走了。这就是为什么你终其一生都在寻找一个符号化的理想形象。在寻找父母的替代形象的挣扎中,你心中的自己还是个孩子,需要依赖他人,并向外投射你的力量。由于你的伴侣代表的是你的英雄榜样,当你意识到他们的局限性时,你的失望和沮丧便会被放得很大。你永不满足的需求背后是对爱的追求。然而,这是一项不可能完成的任务。毕竟,成年人之间的恋情承载不了你那不为人知的希望和曾经失去的童年。为了向前看,你必须哀悼你那没能享受的童年,再以成年人的身份与你的伴侣交流。作为成年人,要建立起真正的亲密,需要两个独立的人,他们既享受亲密的相处,也享受分开的时光。一段关系中的两个人都应该有自己的想法,这是值得庆祝的事。你的需求、愿望和个性不会与对方的纠缠在一起。这样的关系不像你与父母之间的共生关系,你必须知道你的边界在哪里,该如何为别人着想。

要培养客体恒常性,你首先需要接受现实的复杂性。你必须学会看到,即便是爱你的人有时也会让你失望,你爱的人也有他自己生活,或许有时也需要与你保持距离。如果你能接受自己和别人身上都同时存在优点和缺点这一事实,你就不必诉诸两极对立的、非黑即白的原始防御的思维方式。你不需要因为对方曾让你失望而不断考验他(她)对你的爱,也无须贬低你的伴侣。通过练习,你会了解到人可以十分优秀,但却还是有所局限。他们可能在心里深深地爱着你,却依然需要与你保持一定的距离。即使你们偶尔发生冲突,但在表面的涟漪之下,你们的感情基础依然坚实。最终,你也会对自己充满同情,明白你虽然从来就不完美，但那不意味着你就是"坏的"，不意味着你就不值得被爱。

达成客体恒常性是个体发展的一个里程碑，因为它给你容忍模糊和不确定性的能力。有了这种能力，你开始可以接受人与人之间关系是有起伏的。就像我们需要吸气才能呼气，有收缩才能有扩张，一段健康的关系需要有亲密与距离、失望与满足，在各种高高低低之间动态流动。你们的关系就像一段舞蹈，或是音乐，如果没有距离，也就不会有亲密，音乐是必定有停顿的。如果你只专注于两人在一起的时光，而忽略掉空白的时间，你就会扼杀掉这些节奏与律动，将你们之间的爱生生挥霍。

你对被抛弃的恐惧是压倒性的，因为你曾依赖于此生存。但是，你的恐惧不再适合你当前的现实。作为一个成年人，你知道人们可以违背承诺，可以收回他们的爱，可以改变他们的行为方式，但同时你也知道，这些事情不会再给你带来精神创伤。你不仅可以挺过失望与孤独，还可以对虐待性的关系说"不"，潇洒走开。你不会再被"抛弃"，即使一段关系结束，那也是两个人的价值观、需求和人生道路不匹配的自然结果。通过将过去与现在区分开来，你将可以看到你伴侣原本的样子，而不是通过一些内心投射的或是带有虚假期望的滤镜来看待他（她）。你意识到他们不需要是完美的，因为他们不能反映你，不能代表你，也不能限制你。你可以在心中同时记住他们的好与坏，而不是把他们当作一个非黑即白的单一形象。通过培养情绪弹性和自我安慰的能力，你可以为自己创造一个安全的避风港，不需要通过别人来创造。

> 当我们深陷恐惧的时候，会忘了自己作为一个物种，我天生就是要去爱，要去与他人联结，也被他人爱着。我们生来就有能力适应变化，从心碎中振作起来，去给予爱，接受爱。这并不是说你没有感觉，更不是说你永远也不会受伤，而是你足够坚强，经得起风雨，也能收获爱的喜悦。这段旅程尽管危险，却是值得的，也是必要的。

实践策略：制作一个自我陪伴盒子

本章的实践练习是制作一个自我陪伴盒子。这个盒子完全为你自己而制作。当你感到孤独、悲伤，或是受被抛弃的恐惧困扰时，它可以帮助你度过。

制作这个盒子的方法并没有什么对错可言，它可以是任何尺寸或形状，用任何材料制成。你可以选择纸板箱、饼干盒或木箱。你制作这个盒子完全是为了你自己，不是为了给任何其他人看。你可以先从一个小盒子开始，以后再逐渐扩充它。不要想着追求完美，给自己压力。

有时你会陷入情绪低谷，有时你会发现自己又回到了非黑即白的思维模式，每到这样的时刻，你可以利用这个盒子来帮助自己稳定情绪。当你注意到一场情绪风暴即将来临时，拿出这个盒子里的东西来安慰你自己，来打破消极的思维链条。

以下是一份可以放进自我陪伴盒子的东西的清单：

- 一张让你感觉亲切的人的照片：选择一个与你的关系温暖而简单的人，也可以是宠物、已逝的亲人或一位老朋友。当你看到这张照片时，你内心的温柔和同情会被唤醒，你会想起爱和被爱的感觉。
- 关系提示卡：与你的伴侣一起制作它，请他/她在一张纸上写下一些安慰的话。当你们发生冲突时，或是对方不在你身边时，你可以读这些话，提醒自己，尽管你们的关系有了短暂的起伏，但对方对你的爱并没有改变。
- 一件能给你安慰的物品：任何一样能够让你感到踏实并平静下来的东西都可以。当极端情绪被触发的时候，你可以用一系列能在感官上带给你舒适感的物品来帮助你集中注意力或自我安慰。你可以选择一些很好闻、好摸，甚至味道很好的东西，如一块柔软的布、一块凉凉的水晶石、一瓶精油、一块糖果等。
- 转移注意力的活动：列出一些能让你放松或享受的活动，帮助你从消极的心理循环中解脱出来。你可以选择一些小工具，如一些艺术创作的材料或成人涂色书。
- 一张未来的自己寄来的明信片：给正在经历被抛弃的恐惧的自己写一封信。你可以提醒自己，不管你此刻感觉如何，这些情绪都会过去，你值得被爱。
- 列出你身上的优点和可爱品质：你可以让你的朋友和家人帮你列这个清单。在遇到感情危机的时候，当你经历强烈的情感依恋和被抛弃的恐惧时，能够读到别人眼里自身的积极品质，会让你安心。除此之外，你还可以放上你爱的人给你写过的信或送你的纪念品。
- 励志名言或图片：收集一些能够激励你从更宽广的角度去思考问题的图片，海报或电子版都可以。你可以从电影、书籍、诗歌中记下一些名言，还可以从Pinterest和Instagram[1]上找到你喜欢的图片。你还可以自创一些能够带给你积极能量的祷文或句子，在需要时读给自己听。
- 一份能让你精神平静或振奋的音乐播放列表：你可以下载一些带有冥想指导的音乐到你的手机上。

将你的这个盒子放在容易看到和拿到的地方。你还可以随身携带一个这些资源的"便携版"。

每当你感到情绪不稳定时，就可以使用这个自我陪伴盒子，它会帮助你召唤你的内在资源以恢复生理和情绪上的平衡。通过反复练习，你的大脑中将逐渐建立起一个自给自足的神经通路，加强你的情绪韧性。这就像一个内在的锚，帮助你度过亲密关系中不可避免的起起伏伏。你的自我安慰能力最终将取代你脑海中那些被抛弃，或是陷在与童年照顾者之间反复推拉的不良动态中的旧记忆。你将逐渐培养起内心的平静和自我同情的能力，不再被绝望和依赖主导。这个过程进展不会很快，但它一定会发生。

---

[1] 均为国外的图片分享网站。

逃离亲密

在上一节中,我们讨论了对于被抛弃的恐惧。在这一节里,我们来看看乍一看仿佛是另一个极端的一种心理状态:对亲密的恐惧及害怕被吞噬。

逃离亲密是一种模式,它支配着你与世界的关系。这种模式由一个高度戒备、随时准备检测入侵的防御系统引发。当别人接近你,开始与你接触,向你表达欲望,希望从你那里得到承诺时,你的心灵会感到威胁。这时你会否认对亲密的需要,与自己的情感隔绝,进而来到"自动驾驶"模式,最后感到空虚和麻木。

逃离亲密并不是对于被抛弃的恐惧的反面,有时这恰恰是对后者的一种应对方式,就好比厌食症是对抗暴食症的一种防御。你压抑了对亲密的渴望,这是由于你有一个情感缺失的童年。因为已经经历了太多痛苦的失望,你下意识地认定,如果永远不相信、不依赖任何一个人,事情会容易很多。

你为何选择了放弃

童年时期,我们需要照顾者通过一个叫作"镜像"的过程来确认我们的价值感。在健康的家庭关系中,你的父母确认你的感受,给你反馈,帮助你调节痛苦。当你微笑时,他们也对你微笑;当你焦虑时,他们与你共情,同时表现出一种平静的存在感。正是通过这种反复的过程,你学会了管理自己的情绪,获得了自我价值感。你的父母或许会通过明确地表扬你和承认你的价值，让你知道你是独一无二的，是被需要的、受欢迎的，但通常，以更微妙的形式表达的这种表扬和承认反而更加重要，如手势、表情或语调。

由于他们自身的不成熟、精神疾病、未得到诊断的神经非典型特征（如自闭症、阿斯伯格综合征或多动症）、极端的工作或健康需求等，你的父母可能没有给你上述情感反应。他们没有向你提供必要的镜像，而是对你冷漠、挑剔或轻视。当你寻求关注时，他们会回避你，避免与你接触、和你玩闹。或者，他们在场，却没有给予相应的情感。他们可能会对你寻求联结的要求做出轻蔑的反应，谴责你"太过了"，或是允许你的兄弟姐妹嘲笑你的敏感。有些父母害怕冲突、害怕任何强烈的情绪，当你哭泣或生气时，他们会惊慌失措，还会反过来因为他们的感受而惩罚你。当你的父母在情感上缺位，并且忽视你的时候，你对这个世界的认知便会是：他人是不值得信任的，你不能和他们产生联结，你不值得被爱。

情感上的忽视和虐待对所有孩子都是有害的，对那些情绪强烈和敏感的孩子来说尤其严重。这些孩子由于有着敏锐的感知能力，非常容易察觉到任何的轻蔑或忽视，羞耻从而作为一种内隐记忆，印在了发育中的大脑里。虽然内化的羞耻感存在于意识深处，但它以难以想象的方式主宰着一个人的生活和人际关系。

目前的科研证据表明，情感上的忽视会损害大脑某些区域的发育。从神经生物学的角度来看，缺乏来自照顾者的积极调节，会对孩子的海马体体积造成影响。海马体是负责情绪调节的大脑结构。忽视还会阻碍腹侧纹状体的发育，这是人体动机系统的关键组成部分。在一个被忽视的环境中长大，一个敏感的孩子很容易感到沮丧和无助，当然发展成抑郁症的风险也会更高。这样的人也比一般人更容易与自己的身体解离。

被忽视和轻慢的创伤，往往不是来自发生了什么，而是在于没发生什么。由于无形的痛苦很难用语言去表达，于是作为一个高度敏感的人，你并不会去表达它、消化它，而是要去找到与它共存的方法。为了应对被忽视的痛苦，你可能会采用各种各样的心理和行为策略，它们的主要目标都是要回避亲密。这些策略可能是有意识的，也可能是无意识的；可能有用，也可能不利于你适应。反依赖、社交孤立、情感和亲密的"厌食症"都是你可能会采取的在社会环境中生存的方式，而智性化、情感超然和过度白日梦则是你可能尝试的整理自己内心世界的方式。我们会分别针对每一项进行更深入的讨论。

回避亲密关系的策略

反依赖

你或许听说过"依赖共生"（co-dependency）这个词，它指的是两个人及其情感世界间缺乏分离的一种功能失调。另一个较少人知道和较少被提到的词是"反依赖"（counter-dependency），它是一种极端自力更生的形式。如果相互依赖是不信任自己可以在没有别人的情况下生存，反依赖就是不信任其他人——不信任他们可以照顾你，不信任他们在大大小小的事物中可以被依赖，不信任可以依靠别人获得安慰。反依赖可能与回避型依恋模式（avoidant attachment style）有关。一系列的实证研究表明，即便是在军事训练和濒临死亡等极具压力和威胁的情况下，回避型依恋的人往往也不会去寻求支持，而是会与人保持距离，包括他们的另一半。

也许当你还是个孩子的时候，你曾试图从那些本应好好照顾你的人那里寻求安慰，其结果却是一再失望。你或许经哭泣和抗议，得到的却永远只是冷漠、敌意，甚至遗弃。你的过往经历告诉你，暴露自己的弱点毫无意义，甚至很危险，所以最后你不再期望从任何人那里得到任何东西。成年后，你必须确保自己可以完完全全地自力更生。你认为寻求帮助是一种软弱的表现，并且无论如何都要避免表露强烈的情绪。

除了有情绪不稳定或脆弱的父母，你在同龄人群体中的经历可能也促成了反依赖的形成。由于你的天赋和成熟度超越了年龄，周围的人对你而言常常是平凡的。他们要么不太容易赶得上你，要么就是想从你这里得到些什么，并没有一个人是可以让你真正依靠或钦佩的。你还有可能成了群体中的替罪羊或是别人的攻击目标。由于与他人相处的经历让你感到不满足、疲惫或是受到威胁，你便不再从他人身上寻求亲近，转而投向独处、书籍和音乐等其他途径。你可能会强迫性地积累知识、权力、财富和社会地位，这些追求能够给你安全感和一种掌控一切的幻觉。你的心中有一部分相信，通过囤积足够的资源，你将永远不需要向任何人索取任何东西。

从长远来看，反依赖是不可持续的。我们生活在一个人类相互依存的世界，这是现实，自我完全掌控或者自主只是一种幻想。在情感上自我控制本身是健康的，但防御性地否认我们的归属需求就不是了。

成熟的独立，是在自给自足的同时不否认我们对人际关系的渴望，不回避我们与其他人之间要产生不可避免的联系这一事实。

与他人保持距离

通过反依赖，你限制了自己对他人的依赖。但有时候，光确保你自己不依赖于任何人是不够的——你还觉得有必要避免任何对你的潜在依赖。为了做到这一点，你不光将恋爱中的依恋拒之门外，也把所有形式的社会承诺、责任和对社会关系的参与拒之门外。

对于那些让你为他们的感觉、决定和幸福安康负责的人，你非常警惕。在亲密关系中，对方的需求很容易让你感到压抑，或者觉得那是强加于你的。你可能不愿意向你的伴侣和孩子表达爱意和赞同，暗示他们应该做到在你没有时常给予安慰的情况下自力更生。你不能容忍冲突和激烈的情绪，当有人与你当面对抗时，你会通过转移视线来回避，通过低下头来转移对方的注意力。你可能会使用回避策略，如沉默对待、转移话题、为自己找理由或是沉浸于工作来逃避眼前的一切。你的伴侣会对你这样的回避模式产生抱怨，但他们越是逼迫你，你就回避得越厉害。

为了保持情感上的距离，你把其他人都变成了可以供你研究的主题或系统。在社交场合，你会采取"直升机视角"冷静检视眼前的一切。在群体环境中，你总会找到一种方法来隐藏自己，转移注意力，并将焦点转移到其他人身上。

情感与亲密"厌食症"

得上"情感厌食症"意味着你对于从爱和亲密关系中汲取必要的营养表现出抗拒。当人们以各种形式向你表达爱意,不管是赞美、关心、友情、帮助还是情爱欲望,你都不能相信或接受。在内心深处,你害怕被操纵。你担心自己一旦"上钩",便会被利用,或是过度投入,于是宁愿选择保持情感匮乏的状态也不愿意冒险。你在自己与他人之间划定的界限是严格的、僵化的,绝对不会接受没有界限或者界限松散。你几乎不给他人机会来向你证明他们值得信任,往往会先发制人地拒绝他们。你或许表面上对人际关系持开放态度,但仔细观察你便会发现,你只选择与那些无法接近,或者没有准备好进入一段亲密无间的感情的人在一起。另外,如果你反复否定别人对你的积极感觉,那些真心想要靠近你的人可能会不再和你做朋友,你的生活中可能就只剩下那些疏离的或是不健康的关系了。

与他人保持距离让你失去了社交上与精神上和人的联结。你越是相信必须"一切靠自己",就越无法停止强迫性地积累知识和资源。你把注意力集中在那些加剧你不信任感的经历上,收集越来越多的证据来证明自己的孤立。你可能没有注意到自己的依恋需求,没有注意到与世隔绝对自己造成的影响。然而,你有时会突然经历精神健康状况的突然恶化,觉得生活是那么空虚。你可能在自己的专业领域取得了很高的成就,可能看起来非常成功、独立、自足,但在内心深处,你在与完美主义、羞愧和孤独做斗争。从长远来看,亲密厌食症只会适得其反。当你缩小你的社交圈,削弱自己与他人产生联结的能力时,便也限制了自己在生活中的更多可能。渐渐地，你的生活将会变得单调乏味，缺少活力，也没有了成长的空间。

切断自己的情感

你是个非常有同情心的人，可这份敏感却没有被尊重，反而招致了虐待。于是自然而然地，为了保护自己，你学会了去做相反于敏感的事：停止感觉。在你还是个孩子的时候，父母是你仅有的可以依靠的人，即便他们忽视你、惩罚你或虐待你，你也没有其他资源可以寻求庇护。你被困在这个家中，在无处可逃的时候只能通过解离来逃避。在心理学中，"解离"一词可以用来描述一系列体验，从与周围环境轻微脱离，到身体与情感现实的脱离。有时候，它也意味着将痛苦的过去最小化，或选择性地忘记你童年生活的一部分。你可能会利用物质或是一些成瘾行为作为你解离策略的一部分。暴饮暴食、喝酒、强迫性行为和重复性的仪式都会让人上瘾，因为它们能帮助你消除内心的空虚。

当你与自我解离，你也失去了与你的身体和直觉的联结。你可能会经历心灵与身体分裂的超现实体验。例如，在某些情况下，你的大脑说你很平静，可你却在颤抖、出汗和头痛。又或者，你告诉自己你"应该"做一个忠诚的朋友和爱人，做一个勤奋的员工，你的沮丧和愤怒却让你做出了完全相反的行为。

你越是回避与自己的真实感受联结，就越会觉得自己像是一个生活的观察者，眼睁睁地看着它在你面前流逝，自己却无法成为其中的一部分。具有讽刺意味的是，来自这种无生命状态的深深的悲伤和孤独，其痛苦程度可能不亚于你最初试图避免的那些情感动荡。逃离当下的"激情",你最终会踏入一片干燥、寒冷、贫瘠的地带,那的确还不如最初的挣扎状态。

智性化

为了在你糟糕的童年环境中保持清醒,你可能尝试过各种不同的方法。如果你所处的环境混乱不堪,你父母的行为不可预测,那么逻辑的可预测性和恒常性能为你提供一个诱人的避难所。"以理性思考来逃避"迅速成为你首选的应对机制,但为此你将要付出失去与自身情感的联结这样沉重的代价。你可以用一种疏离的、极具逻辑的方式来谈论愤怒等强烈的感觉(例如"我想从理论上来讲,我应该对此感到愤怒吧"),或者养成一种为自己的经历找理由的习惯。

当你过度依赖智力时,那些好玩的、需要幽默或艺术表达的事情就会让你很别扭。为了避免失控的感觉,在采取行动之前,你需要在脑海中演练每一种情况,并觉得在说话之前必须收集足够的信息才可以。你或许能够保持冷静、镇定和聪明的举止,却无法自然、自由地表达自己,在有他人陪伴的时候也始终无法放松下来。

刚开始的时候,让自己的头脑给自己作掩护似乎非常有帮助——它帮助你以一种坚忍的、坦然的形象面对工作,去达成可及的目标。然而从长远来看,过度智性化一切就像是只用一支蜡笔来画画,而不是用上各种斑斓的色彩。它会限制你作为人的潜能,最终限制你对这世界带来有益的影响的能力。

过度白日梦

用自己的头脑创造避风港的另一种方式是过度白日梦。作为一个身处不可预知环境的孩子，你唯一能控制的就是你的想象力。你在脑海中构建了一个世界，那是一个你愿意生活在其中的世界。当身边的大人变得极端时，你便回避现实生活，躲进那个想象的世界。这种向内寻求、退回自己世界的行为会让人上瘾。一旦你拥有了这么一个随时可用的、马上就能让人高兴的方法来减轻压力和情感麻木带来的痛苦，它就会让你感到舒适和熟悉。这种曾经作为生存机制而存在的东西现在可能会变成一种上瘾的习惯模式留在你体内。与其在现实生活中面对混乱的人际关系，你情愿把大部分清醒的时间花在幻想中。

你能治愈你自己吗

像反依赖、智性化和情感厌食症这样的生存策略，曾经是你维持自己精神状态的必要手段，它们证明你的童年生活的确遭受了难以忍受的痛苦，并曾帮助你幼小的心灵度过那些毁灭性的绝望时刻。然而，当你使用这些策略的时间过长，它们成了你所知道的唯一方法时，它们也就成了过上充实生活的阻碍。如果你童年的生活经历没有让你感到安全，你很难相信这样的状况能够得到改变。即使境况发生了变化，你可能还是会继续生活在你自己的思想创造的牢笼里。你对亲密的恐惧变成了一个恶性循环：你筑起了厚厚的高墙来保护自己内心的温柔，可你越是防范这个世界，内心就越觉得脆弱。由于还没有对感情的起起落落建立起必要的忍耐力，你对有可能发生的拒绝和误解给你带来的痛苦变得高度敏感，最终，你会变得不善与他人相处。但在你冷漠的外表下，其实隐藏着一颗敏感而又热情的心，它被迫躲藏起来，却并没有消失。你的内心深处对爱情与联结的渴望，可能会以莫名的忧郁、怀旧和心痛等形式不断地敲响你的门。如果找不到合适的表达方式，你的挫折感就会逐渐演化为抑郁。

要想从防御性的反依恋中痊愈，你必须借由自身内在的资源建立起信任。你推开爱，是因为你害怕自己无法承受更多的入侵和背叛，因此，要想突破，你必须首先让内心深处那个害怕的孩子放下心来，相信自己是安全的。作为一个成年人，信任和爱的能力不是掌握在别人手中，而是在于你自己的韧性。是的，人们可能会激怒你，可能会让你失望，会背叛你，但你不必为这些而受伤。你可以哀伤，生气，熬过心痛，然后恢复。你不需要对现实不断变化的本质视而不见，更不必假装人性不会有黑暗面，但你依然可以足够勇敢地投入生活本身。

从生存到绽放，你必须拓宽自己的舒适区。你可以开始融化自己的盔甲，慢慢适应温柔的感觉。不要想着绝对的控制，而要练习放松，享受生活的变化。生活中每一段关系都有不确定性，关系越亲密，你就越会觉得脆弱。但这脆弱并不是软弱，而是勇气的象征。一个敏感的人在一段感情中，可能会遇到很难熬的日子，你有时会觉得自己格外柔软，格外容易被影响，每一个小打击都有可能伤到你。但即使在你最沮丧的时候，你也要试试能不能先不要对人或者事着急下判断，停下来，审视一下现实。不要被身边的人和你对他们的感觉困扰住，这是一种邀请，邀请你去处理和消化那些还未消化的伤痛，好让你变得更加完整，更加被治愈，也更自由。爱和敢于冒险接受被爱的能力，是人类的所有能力中最柔软却也最强大的一种，它也是我们创造潜能的源泉。

> 坠入爱河和依恋他人是人类生活中最强烈、最丰富、最充满活力和想象力的体验之一。不要剥夺自己享受亲密关系中的甜蜜的权利，不要剥夺在别人心中找到自己归属感的快乐，不要夺走在他人眼中看到自己的那种狂喜。

一周日记练习：你的逃避对你有用吗

在接下来的一周里，让自己好好思考心中潜在的逃避亲密行为的倾向。通过日记的形式，使用以下的问题和提示来指导你完成这一过程。

1. 是什么将你逼到崩溃边缘

亲密感有时会像是对你认知系统的威胁，因为它要求你防止控制的需求，暴露出你想要否认或隐藏的部分。它让你深入觉察自己的阴暗面，唤起最原始的真实自我。当你迎接某人进入你的生活时，你需要面临一系列挑战，包括如何处理内心深处的伤口，怎样踏入一片完全未知的领域。

根据你的个性和过去的经历，你想要逃避的诱因是独一无二的。在这一周的时间里，当你与其他人互动时，密切关注你的内心体验，留心会让你不安的时刻。比如，当你和亲近的人吵架时，你心中的感受是怎样的呢？当这些情况发生时，在你的手机或笔记本上做记录。当你的情绪被触发时，你在想些什么呢？你的身体会对这些经历产生什么反应？作为对他人的回应，你倾向于说什么或做什么？

这一周结束后，回顾一下你所记录的内容，看看你记下的情况是否属于以下某种或多种类别。这个练习可以帮助你思考哪些情境会在你身上引发强烈的情绪反应，或导致你远离他人。以下是一些例子：

- 感到被控制。
- 被迫做出承诺。
- 被卷入一场冲突。
- 感觉被吞没，或是感到窒息。
- 有人未经你允许触碰你。
- 有人擅自挪动你的东西。
- 在尴尬的场合被要求回答问题。
- 被迫对某事明确表达立场。
- 有人替你做决定，或者代表你说话。
- 你怀疑别人对你说谎，或者自己被操纵了、被欺骗了。
- 不得不与某人合作。
- 不得不与别人商议私人空间的边界。

- 不得不为别人提供情感支持。
- 不得不透露生活中的私密细节。
- 被要求对某人或某事提供诚实的反馈。
- 别人不尊重你的时间，或者浪费你的时间。
- 你也可以添加上自己观察到的其他情境。

2. 你会采取什么样的策略来回避亲密关系，以及处理关系中的困难情况

利用你这一周里做的记录，回想一下当人际关系给你带来富有挑战的情绪时，你都是采取什么方法处理的，有意识的或者无意识的都可以。

下面列出一些可能的例子：

- 分散自己的注意力。
- 心理上回避。
- 通过回忆过去、做白日梦或制定远大目标来逃避。
- 智性化、理性化。
- 麻木自己的感觉。
- 在谈话中转变话题。
- 通过假装你在听来安抚对方。
- 疯狂工作，以忙碌为借口来逃避。
- 与你的伴侣冷战，或是冷漠以待。
- 遇到冲突时采取鸵鸟策略。
- 通过药物、酒精或过量摄入糖分来麻痹自己的感官。
- 过度消费、赌博。

- 强迫性地做清洁。
- 遵守一些死板的仪式和惯例。
- 你可以添加上自己采取的处理方法。

3. 这些方法给你带来了什么帮助

你会使用这些策略，当然是因为它们有用。至少在一段时间内，它们帮助你减轻、避开或摆脱了负面情绪。列列看这些策略对你都带来了怎样的帮助。

下面是一些例子：
- 让你在心情不好的时候也能做到按时去上班。
- 帮助你度过了一次痛苦的分手。
- 保护你内心的小孩不被更多失望所伤害。
- 保护你不被父母控制和吞噬。
- 帮助你在混乱和无法预测的童年环境中生存下来。
- 让你表现得足够坚强，得以融入特定的同事圈子或团队文化。
- 帮助你以社会认可的方式行事。

你可以添加上你自己的内容。

列好这个单子后，带着敬意感激你的防御机制，并祝贺你自己能够想出这些创造性的方法来应对一切。承认你已经尽你所能做到了最棒，而且只要你需要，这些方法可以一直为你所用。

4. 采用这些策略带来了什么样的后果

你的策略至少在一段时间内是有效的，但它们通常要么有一个有效期限，要么在某些情况下不起作用，有时也有可能需要你付出高昂的代价。待在一个安静的空间，以坦率的态度思考以下问题：

- 你的这些策略可持续吗？
- 当你使用回避策略时，你的不良情绪能缓解多长时间？
- 那些不良情绪还会回来吗？
- 执行这些策略需要花费多少时间和精力呢？
- 像这样把自己隔绝起来，避免情感交流，又或者保持忙碌，你都错过了什么呢？
- 未来的自己会感谢你像这样回避亲密关系吗？
- 更长远来看，你的生活是变得更好了还是更糟了呢？
- 你用来逃避亲密关系所耗费的时间和精力，你可以怎样更好地利用它们呢？

如果你所使用的方法的确能够做到长期有效，那么请务必保持。然而，如果其中某些方法看起来只会在短时间内起作用，或者让你在其他方面付出高昂的代价，你可能就需要考虑一下是不是能找到其他方法，能让你在更长的时间维度里感觉到安全、健康和完整。

5. 想象练习：与自己的"墙"对话

留出至少半个小时的时间来完成这个自我引导的可视化练习。

想象你内心有一部分非常努力地要保护你不受伤害，你可以称它为管理者、盾牌、墙或保护者。这部分的你试图控制一切，从外部环境直到你内心的世界。这是你内在的"实干家"，它会推动你实现更多目标，更加努力奋进，并长期保持充实忙碌。每当柔软的情绪或脆弱的感觉出现在你心中，它就会跳出来，削弱它们，抑制它们，压制它们——这让你变得孤僻，容易分心，缺乏个性，内心空虚。

把你心中的这一部分想象成一个人。这个人可能长什么样呢？这个人是男性还是女性？这个人的声音是否让你想起你生命中的某一个人？他（她）大概多大了呢？

和这位保护了你这么多年的人一起坐下来，问问他（她）以下问题，把答案写在你的日记里：

- 你和我在一起多久了？
- 你想保护我不受谁的伤害？
- 这些年来，你的策略是如何演变的？
- 如果你不在这里，你觉得我会怎么样？
- 你是否会对这世界上人和事的存在方式感到愤怒？
- 保护我的唯一方法就是把我拦在盾牌的后面，这会不会让你感到难过呢？
- 内心深处，你是否也会感到孤独，感觉被误解？
- 保护了我这么多年，你觉得累吗？
- 你有没有想过要休息一下，或者尝试一些不同的事情？

感谢，尊敬，并且认可你的保护者为你所做的一切。

现在，看看你能不能说服他（她）考虑从你生活的中心离开。你可以向他（她）保证，虽然你曾经很脆弱，但现在的你更有韧性了，可以处理生活中的失望、心碎和伤害。让他（她）知道，这么多年来，你已经知道了自己有什么样的权利，什么是健康的界限，如何说"不"，以及怎样表达你的愿望和需求。你不再天真幼稚，尽管有时身边的人不可靠，尽管一段感情可能很棘手，但你有能力处理它们。你并不是要让你的保护者完全放手，只是请他（她）休息片刻，好让你尝试一种不一样的生存方式，并在生活中成长。

试图脱下一件伴随你多年的盔甲，可能会给你带来悲伤、愤怒、哀痛和内疚等情绪。关注在这一时刻出现的感觉，和这些抵抗情绪一起轻柔地呼吸。

在接下来一周左右的时间里，留心你感受到自己的保护者开始发挥作用的时刻，然后看看你是否试验一些不同的行为。记录下你的感受，要特别留意在采取这些勇敢的、给予自己生命力的行为时给你带来的力量与希望。

第七章

工作关系与友情

当你在一个组织中工作时，这部分的生活就涉及复杂的群体动态，这可能会滋养你，也可能给你带来破坏性的伤害。我们待在一个群体中并在其中工作，这种体验的能量很强大，它会加剧许多我们内心的斗争。在制度化的生活中，我们面对着团结与独立、群体认同与分离、集体主义价值观与个人主义之间的冲突。在群体中，一个不墨守成规的人可能会陷入最深的恐惧，会害怕自己要么被吞没，要么被排挤、排斥。

认识职场的挑战

机构与个人一样，也有无意识的防御机制来处理那些太具威胁性或太令人痛苦的感觉或情况。这些机制被称为社会防御机制，它可能包括否认、分裂、理想化和责备等。它还可能包括外部投射——一群人为了不用解决某些问题，而选择移开它们。尽管这些群体动态基本都没有名字，也是无形的，但却为情绪强烈者带来了无数复杂的问题。

在这一节中，我们会探讨一些你在工作中可能会遇到的常见问题。只有清楚地看到问题所在，你才不至于混淆个人与系统，才不会把对于系统问题的有害渗透的正常反应视作你个人的缺陷。我希望这些信息能给你带来一个新的视角。

有时"太过"，有时"不够"

作为一个情绪强烈者，人们会认为你在某些方面"太过了"，某些方面却又"不够"。你的大脑运作起来就像一辆跑车，有一种自然又强大的驱动力来推动你采取行动。当你投入的时候，你会对某个主题或项目高度专注，甚至在非工作时间也无法放松。你的想象力远远超出了自然的界限，你所能看到的事物的模式与趋势超前于当前的时代，而大多数人并没有办法跟上你的思路，理解你的远见。由于不理解你情绪强烈的特质，其他人可能会说你的精力"太过了"，并且嘲笑你的努力。你天生就会忘我地付出，你可能会发现自己比别人更加努力地工作，却依然得不到赏识，反而要不停地收拾别人的烂摊子。在你看来很平常的事可能对别人来说太过于理想主义，这让你在追求卓越的路途上只能孤独战斗。由于你的职业道德标准非常高，这会导致与你一起工作的人也不得不遵循更高的标准，所以这可能会引起你管理的人的工作压力，导致他们的不满。如果你的技能得不到支持，无法发挥自己最高的效率，你就会感到被压抑、被剥削。

矛盾的是，在一些社会习俗需要你做的事情上，别人可能反而会批评你缺乏活力，不够投入或兴趣不够。尽管你喜欢且擅长参与有意义的对话，可以长时间进行激发智性的讨论，却对闲聊、八卦、酒后吹牛和茶水间闲聊不感兴趣。在社交活动、派对和各种例行会议之类的活动上，你总会显得精力不济。其实你也知道，表面的社交可能是很有必要的，但就是很难保持兴趣。大部分时候你无法掩饰自己的不安和不耐烦。你可能会涂鸦、做白日梦，也可能会坐立不安，但这些会被你的同事和上司视为对大家的不尊重。

身心俱疲

你面临的另一个难题，是会同时感到身体上的疲惫和精神上的厌倦。现代工作场所会让你的身体感官负荷过重。在混乱、嘈杂、开放式的工作环境中，有机器的轰鸣，四周有打字声，头顶是明亮的荧光灯，背景还有周遭人们的低语，这些都会让你感觉不自在。除了这些感官刺激，你的同理心还会让你接收别人的情绪能量，人际关系的动态和气氛的变化会一直影响着你。所有这些都会让你的系统超载，妨碍你的工作效率，让你筋疲力尽。虽然你可以用耳塞或者消噪耳机之类的小工具来帮助解决这些问题，但传统的工作文化通常无法理解或满足你的需求。

尽管身体已经疲惫不堪，但你的智力、情感和精神层面可能都没能得到充分的激发。你的兴趣很多，如果工作要求你集中精力应对某一个焦点，你可能无法做到。单纯经济上的奖励无法激励你，你苛求一个更深层的、相对精神层面的目标。你追求更多的知识，追求自我反省，却被乏味的、重复的、毫无意义的任务压得喘不过气来。你寻求新的挑战，试图解决新的问题来保持参与感，可这样的热情却有可能被误解为挑起竞争。考虑到你思考的深度和思维过程的复杂性，要找到一个能够与你对等地分享或交流想法的人并不容易。长期处在一个这样缺乏刺激的环境中，会让你在精神上厌倦，让你感到沮丧、空虚和怨愤。

你吸收了被他人否认的情绪

在各式各样的社交防御机制中，集体否认不论在大型组织还是小型组织中都很常见。通过集体否认，人们会把某些让他们不安的、将他们带离自己的舒适区的想法、感觉和经历排除在自己的意识之外。常常被人们因为自己的焦虑而排除在意识之外的这类问题包括：工作场所中的霸凌、歧视、权力骚扰和可能到来的裁员带来的不确定性等。针对这些问题产生的焦虑和愤怒，常常会以群体思维、系统压迫甚至意识形态灌输。

然而，对于你这样超高共情力的人而言，否认并不是你自然防御的一部分。恰恰相反，你很可能会海绵般吸收并感受这个群体所否认、压抑的每一个小情绪。例如，在业务的紧要关头，整个公司面临着潜在的解题危机和财务困境，你可能会发现自己是唯一感到沮丧和焦虑的人。再如，当你被一次公开恶语相向的场面激怒，周围同事的冷漠令你倍感震惊。当你代表整个群体感受到这些情绪时，你也充当了一块海绵，吸收了被其他人以系统性的形式排除在外的所有愤怒、悲伤、愧疚和绝望。

通常情况下，你并不会意识到自己是一块"情感海绵"，反而会觉得这些令人不安的情绪——尤其是愤怒——来自你自己。你可能认为自己"就是太敏感了",或者"纯属胡思乱想",可如果你能理解这些隐藏的心理动力,你就会发现,自身这些凸显的感情其实提供了重要的信息,让你了解工作场所表面之下到底发生了什么。如果利用得当,拥有超高共情能力和敏锐观察力的你,可能正是组织所需要的变革推动者。

你总是那个提出复杂问题的人

在大型组织中,大多数人不敢打破平衡,反而会对所有问题视而不见,被动对待。他们指望领导者指挥他们行动,甘于做一名追随者。大部分人只考虑自己眼前的情况,不会去思考引发系统性变革的可能性。出于恐惧,他们将大部分精力都用在避免错误或冲突上,而不是思考改进的方法。即便目睹了不公正的情形,他们也不会直接指出来,而是诉诸谣言和无声的抗议。他们达成了保持沉默的默契,而这样的默契可能会形成一种团结的错觉,而实际上,这只会让组织永远处在一种僵化的、功能失调的系统状态中。

你独立思考的能力、自主行动的自驱力,使你成为这个系统的局外人。在一个多数人都在沉睡的环境里,你很可能是唯一醒着的那一个。一旦身边的人行事不公平或不道德,都逃不过你的眼睛。对你来说,做好工作比取悦他人更重要,所以如果能够对你的工作有所助益,你可能会提出一些令人难堪的问题。

或许你并没有意识到,你在无意识的情况下,接受了群体动态的安排去执行一种独特的功能。群体默默地"选择"了你作为发问者和挑战者，你需要在领导说得不对的时候提出来，指出犯错的那个人，始终维护道德原则，或是注意到某个其他人都发现不了的关键缺陷。由于你代表所有的同事表达了怀疑，提出了那些令人懊丧的事，他们就得以逃过一劫。这些人或许会尴尬地和你坐在同一个房间里，互相交换眼色表达他们的不快，同时私下里对于不必冒险暴露自己深感享受。把表达愤怒和怀疑的职责转嫁到你身上后，他们倒是轻松了，而你成了这个团体的喉舌。

你的同事们对你的存在可谓又爱又恨。他们在潜意识里为你的存在感到宽慰，毕竟如果没有你，问题永远不会浮出水面。但与此同时，他们又担心你会给这个系统带来变化。他们暗地里因你的诚实受益，却又害怕你的洞察力。周围的人很容易继续把你的坦率、果断、直白定义为不受欢迎的性格缺陷，同时又依赖着你去表达那些被压抑的东西，去平衡那些不平衡的东西，调节那些不合适的东西。不幸的是，除非团队中的其他成员能够站出来表达自己的意见，否则你将一直被视为"麻烦制造者"或"难相处的人"而被排挤。

你承担了责任却得不到应有的权力

许多情绪强烈的人在工作中被困在一个不上不下的位置。因为你学东西很快，所以不费什么力气就能掌握新技能。不可避免地，你的同事会开始依赖你的能力和做事效率。没有人把这话说出来，但你被当成一个领导者，必须承担沉重的责任，却往往又无法得到应有的认可或奖励。

你做好工作的动机往往不是由外部认可来驱动的，而是内在的。你追求卓越，因为你享受挑战，享受出色完成任务并且达到自己标准的快感。这意味着你通常并不追名逐利。尽管获得权力并不是你的主要驱动力，但得到你应得的认可与应有的职位所带来的自由，依然对你很重要。要想让你的创造性思维得到充分的发挥，你必须拥有工作上的自主权。一旦你被困在半高不高的职位上，受到上司的微观管理，官僚主义将会成为你的负担，你也被剥夺了实现创造性愿景的空间。

身边人的嫉妒可能会成为你获得自己应得的东西的阻碍。一方面，比你资深的同事需要你的效率和创造性来做事，另一方面却又害怕你的速度、洞察力和智慧。他们可能会交给你一项又一项的任务，却不愿分享权力。为了获得你需要的资源和信息，你只能"管理你的管理者"。不幸的是，你通常很难为你所面对的无声压迫提供证据。其他人可能会选择对此视而不见，这使得这种不公正的情况一直延续下去

最终的流放——成为"分裂"的目标

"分裂"是一种防御机制。通过选择性地关注其积极或消极属性，将信念、行为、物体或人分化成"好的"或"坏的"，这就是分裂。分裂的概念最早由精神分析学家罗纳德·费尔贝恩（Ronald Fairbairn）提出，起初是用来描述婴儿无法将他们的父母令人满意的方面（好的）和令人失望的方面（坏的）结合成一个整体来看待的现象。对于孩子来说，以非黑即白的方式看待事物是很自然的，因为他们的大脑还不够发达，无法处理过于复杂的信息。这就是为什么在儿童文学中，我们会看到善良的仙女

教母和邪恶的女巫等性格格外鲜明的人物。当某人或某事被分到"好的"这一阵营时，他们的形象就被理想化了，不可以再犯任何错误；而某人一旦被看作"坏的"，他们就会被认为是所有麻烦和困难的根源。作为一个孩子，我们以这样分裂的方式来认识世界，从困惑中得到解脱，并保持对事物的控制感。处于压力下的成年人也有可能会退化到这样的处事方式，通过分裂的方式来处理焦虑和冲突。制度上的两难局面，如究竟是应当保持现状还是需要改变，要歧视还是公正，等等，都会引发焦虑，并常常导致分裂。根植于系统层面的紧张关系会在个体或是这个群体中的子群体之间发挥作用。群体中会形成一些"部落"，就是为了支撑认同感，并给人们提供一种虚假的安全感。但通常情况下，这会演变出一种自相矛盾的情况：如果A阵营的人受到指责，便意味着B阵营的人无须受到指责。因此，B阵营中的人或者互相指责，或者躲在幕后自鸣得意。

　　一个无法融入集体的人很容易成为分裂行为的目标。例如，一名新员工或是一名外聘的顾问就常常会被贴上敌人的标签。而你若是属于少数群体，也会出现这种情况，如当你在团队中表现出众，或者身处外向型文化的团体中却是一个内向的人，又或你是那个大家都不发表意见的时候敢于表达的人。在一个系统中，情绪强烈者往往会被边缘化。你是这个系统的一部分，但很明显，从你的思维方式、感觉方式、行为方式以及你所代表的品质来看，你并不完全是人群中的一员。处在边缘化的位置会让你变成团体中的"他者"，让你成为分裂行为的目标，并且受到仇恨与敌意的投射。

在当前经济不景气和各种预算紧缩的大环境下，生存焦虑被放大，这也就刺激了诉诸分裂等原始防御机制的产生。不幸的是，分裂会形成一个长期的恶性循环，那些个人防御机制与集体防御机制相一致的人会留下来，而那些价值观与集体防御机制不同步的人则会被排斥，陷入边缘化的境地。虽然抗拒健康的改变对于一个健康的组织的长远发展是不利的，但非常不幸，这种情况经常发生。一旦你成了"替罪羊"，你工作的价值就会自动降低。即便你的见解可能正是组织所需要的，可能也不会有人理会。在分裂的极端情况下，你可能会被要求离开你的工作岗位，甚至被霸凌到不得不离开，不管你曾经为其做过多少贡献。

拥抱你的命运

情绪强烈又敏感的人是求知者，是敢于说出真相的人，是理想主义者。在你的一生中，你可能一直都觉得自己是一个局外人，或许永远也无法像其他人那样融入集体，成为一个群体的一部分。你觉得自己好像是生活在地球上的火星人，或者是没有生活在霍格沃茨的巫师。你无法改变自己，但却可以拥抱自己的特质，并充分利用它们。学会这样做，你就从无能为力变得充满力量，从自怜自艾变得对自己心存感激。

拥抱自己命运的重要一步，就是要哀悼你想要却无法拥有的生活。我们知道如何为实际上损失掉一件物品或失去一个人而哀伤，所以我们也要知道，我们也可以为自己一直想要却永远无法得到的理想生活而哀伤。你可能永远无法以一般人的方式融入群体，你或许永远无法认同主流价值观，无法忍受其他人似乎很是喜爱的平常活动。你或许总觉得自己与周围格格不入。可是，一旦你认清了自己是个什么样的人，你就会放下某些希望和梦想，把自己从无法实现的理想中解脱出来。

> 我们的文化和社会崇尚同一性，你若不想成为其中一个"规范化"的存在，需要强大的内心力量和反复的实践练习。停止尝试将自己矫正成另外的样子，你会得到解脱，获得真正的平静。别人拒绝你并不意味着你就是错的。你和周围的人不一样，并不意味着你有任何缺陷。不过，这确实意味着你需要做好更多的准备，以应对生活可能给你造成的攻击，给你带来的伤口。你可能会一次又一次地高声呼喊"生活不公平"，而实际上，生活从来就没有承诺过它会是公平的。生活能够给你的承诺是：你将在成长为真正的自己的过程中找到快乐与满足。

不管面对什么样的工作环境，回避困难都不可能让你获得成功。你需要做的是建立自己的优势，形成自己的策略，这样即使在具有挑战性的环境中，你也能绽放光芒。你不能阻止别人在工作中攻击你或压迫你，但你有能力控制自己的反应。在接下来的内容中，我们将看看你该如何处理批评与拒绝，怎样设置界限，怎样把敌对的情况转化为学习和成长的机会。

第七章 工作关系与友情

探索：你的角色是什么

有时候，工作场所就像剧场舞台，我们在上面演出单人或是集体的心理剧。从系统的角度来看，群体中的不同成员必须承担各自指定的任务，这样才能让系统发挥作用。这些角色有时是流动的、动态的，有时也会变得僵化、固定。反思你在一个系统中扮演的这个角色是什么，可以帮助你评估自己在群体中的位置，以及它如何与你的个性相适应。

识别自己在工作中，在何种情况下或者以何种方式扮演以下角色：

在以下情况/方式下，我扮演"照顾者"的角色：

_____

在以下情况/方式下，我扮演"小丑"的角色：

_____

在以下情况/方式下，我扮演"创造者"的角色：

_____

在以下情况/方式下，我扮演"智者"的角色：

_____

在以下情况/方式下，我扮演"统治者"的角色：

_____

在以下情况/方式下，我扮演"英雄"的角色：

_____

在以下情况/方式下，我扮演"调停人"的角色：

_____

在以下情况 / 方式下，我扮演"问题解决者"的角色：

_____

你更喜欢扮演以上哪些角色，又讨厌扮演哪些角色呢？

_____

在哪个 / 哪些角色下，你情绪强烈的特质得到了最好的发挥？

_____

你是否在大部分时间里都倾向于扮演特定的角色？

_____

你是否对某些角色产生了强烈的认同感？

_____

这些角色真实地反映了你的个性吗？

_____

是你自己开心地选择了这个角色，还是它们是被强加在你身上的？

_____

这些角色如何影响你的工作表现，如何影响你在工作中的成就感？

_____

你在工作场所中扮演的角色是不是复制了你在家庭中扮演的角色？

_____

如果可以任由你来决定，你更愿意扮演什么角色呢？

_____

在职场绽放光彩

情绪强烈者在工作中感觉像是个沮丧的局外人，这是很常见的情况。也许你有很强的技术、很高的智力，却很难驾驭、理解复杂的人际关系和权力动态。你可能喜欢与客户打交道，却不喜欢与同事和经理打交道。在这种情况下，也没有一个导师来支持你的成长，为你提供指导。更糟糕的是，那些职位更高的人会忌惮你，而你管理的那些人也无法跟上你的标准，认为你过于较真了。也许你的优点没能被发现，贡献也被忽略了。你可以看到系统中的漏洞和功能失调，但你的声音却受到了不尊重你的管理层的压制。

有时你不得不成为"吹哨人"，但这样的行为通常是不受欢迎的。由于工作场所的文化没有良好的道德和共情作为支撑，又没有真诚的同辈能够分享你的价值观，你可能会感到自己被边缘化，会觉得十分孤独，得不到支持。

克服工作中的挑战

你在工作中投入了那么多时间和精力，想要得到认可和支持是非常可以理解的。你可能已经适应了融入这个集体的感觉，获得了短暂的亲切感。不幸的是，这样通过改造自己、沉默应对换来的归属感，是虚假的。如果你满足于得到别人的容忍，而不是去寻找一个能够真正欣赏你的地方，大概总有一天你会意识到，真正"融入"了的只有那个表象的你而已。

尽管找到一个能够支持你的工作环境是最理想的，但要换个合适的工作并不总是那么容易。当你面对一个充满挑战的日常工作环境时，你正确的应对方式不是逃避或躲藏，而是找到合适的心理策略来应对这些挑战。如果你发现自己的工作环境并不喜欢你作为情绪强烈者的天赋，下面的一些建议可能会有所帮助。

识别自己"穿越"的时刻

当你在工作中感受到压力或得不到支持时，你可能会发现最微弱的拒绝或是批评的信号都会让你情绪下降。触发这种情绪的原因可能是非常非常小的事情，如有人在你说话时移开了视线或打断了你，或者你无法确定对方在想些什么。

你可能会因为自己的这些极端反应而本能地埋怨自己，但情绪闪回是你无法主动控制的。你感受的伤害不是来自你成年的自我，而是来自你内心的孩子。这个内心的孩子就是小时候的你——那个天真但脆弱的童年的你。他们可能曾经受伤，受到威胁或被孤立。目前的这些情况让你回想起了伤你最深的那些童年记忆。或许你的兄弟姐妹总不和你玩，或许你的老师总不把你当回事，或许你的父母总在你想说些什么的时候打断你。它们也有可能代表了你终其一生都在挣扎的事情，如别人达不到你的目标，跟不上你的步伐，或是把消极的品质投射到你身上。眼前发生的事情会让你的记忆系统释放它封存的以前所有被误解、被霸凌和被疏远时的图景。当你的战斗-逃跑系统被激活，杏仁核（大脑中负责负面情绪的部分）就会劫持大脑的理性部分，阻碍你理性思考的能力。即使成年的你的理智明明知道其他人的不认可并不会给你造成真正的伤害，你仍然会因为过去的创伤而感到身体和精神的崩溃。换句话说，你暂时与现实失去了联系，在精神上"穿越"到了过去。

你的情绪之所以变得这么容易被触发，可能是因为你无意识地期望同事会像充满爱的家庭那样对待你。或许你迫切需要权威人物的认可，因为这是你希望从父母那里得到的；或许你渴望与同事亲密无间，因为在你的成长过程中，兄弟姐妹之间没有过这样的亲密。没错，你内心的孩子想要得到爱和认可，但不幸的是，工作场所很少能满足你的情感需求。

与其为自己的痛苦而进一步责备自己，不如有意识地去努力区分当前的现实与过去的记忆。你要做到的第一步，就是在记忆闪回的时候意识到它，然后提醒自己，尽管你的感觉是真实的，但它们并不总是反映你眼前的现实。就因为你感觉自己像一个无助的孩子，无处可求助，没有人支持你，并不意味着这就是事实。你可以对自己说："我已经经历过最坏的情况了。这种闪回的状态会过去，就和以前很多次出现的情况一样。"你现在是一个坚强的成年人，可以离开，可以为自己发声，可以寻求帮助。通过练习，你可以成为自己最好的朋友、导师和保护者。你可以对自己内心那个受伤的孩子低语，安抚他（她）的恐惧。你可以在想象中为他（她）建造一个安全的摇篮。你要反复提醒自己一个事实：无论发生什么，他（她）都没有理由感到羞耻或内疚，他（她）没有做错任何事，即使发生了不好的事，也不是他

（她）的错。你内心的孩子最终会明白，你为他（她）源源不断地提供爱与支持，这样他（她）就不再需要从外部去寻求这些。

与自己内心的孩子融合，这可能正是你在职场所向披靡所需要的。毕竟，最好的领导者正是那些既保有孩子的自发性和谦逊，又带着成年人的韧性和成熟走进会议室的人。

识别他人情绪的投射

如果一件事情让你感到悲伤、愤怒或怨恨，就说明你的边界受到了侵犯。你的边界是保护你的情绪健康的。敏感和对情绪具有强反馈的人往往会对一段关系中发生的事情承担过多的责任，会任由他人未经处理的心理垃圾耗尽自己的精力，侵蚀自己的自我形象。要改变这种模式，你可以学着去建立灵活但不可打破的边界，这样就能在自己的内心画下一条线，得以拦住那些别人强加给你的情绪材料，以及你无须为之负责的东西。

了解一些共通的群体动态和行为，以及人们在面对差异时会有意识或无意识地做些什么，对于找到自己的界限很有帮助。我们在前面一节中已经列出了不少大型群体的常见动态，如人类倾向于向外投射不安全感和挫折感等。识别他人的敌意很重要，尤其是当它被伪装成消极攻击的意见或行为时。当你过着真实的却是反规范的生活时，其他人可能会不知道该如何定位你。对于那些随大流的人而言，你的行为太超前、太反叛、太大胆了。他们会因为无法在脑子里把你准确地归类而不爽。或许你把他们不敢感受、不敢发生或不敢做的事付诸了行动。如果你坚持的事情威胁到他们现有的世界观或是他们的选择，他们可能会以压制你的方式来应对自身的焦虑。在这种时候，他们会把你的诚实说成"咄咄逼人"，把你的敏感说成"小题大做"，把你的正直说成"找麻烦"。

记住，大多数批评和辱骂都来自恐惧——来自人们内心的挣扎、不安全感、嫉妒，或者源于他们缺乏从多个角度看待问题的能力。你所感受到的拒绝并不是对你和你真实自我的拒绝，而是由于他人的视角有限。你所经受的攻击，是对方无法承受他们内心的紧张或不确定性的结果。你需要尽量记住，大多数时候，别人对你的看法与你自身并没有太大的关系。

为健康的反击留出空间

当有人侵犯了你的边界时，愤怒、怨恨和痛苦都是正常的情绪反应。正如我们前面所讨论的，当你所珍视的东西被破坏，愤怒是一个前来警告你的信使。由于愤怒具有重要的功能，压抑它可能会让你对自己在这个世界上所处的位置感到困惑——关于你是谁，你的价值观，你相信什么，你又有着什么样的权利。当其他人对你不善时，你可以召唤健康的自信，为自己挺身而出，而不是让自己在无助中崩溃，或选择以暴制暴。这需要一些练习，但你一定可以学会在不伤害自己或他人的情况下对不公进行反击。

在你的一天中，要注意任何可能让你产生愤怒情绪的因素，这样你就能足够警觉并且迅速控制它。当恼怒、烦躁或是不耐烦的情绪出现时，将你的注意力从脑中无休止的抱怨中转移开，关注自己的身体。仔细感受这种情况带来的感官感受，如身体发热、某处收缩或是发紧。使用一些简单的策略，如从1数到10，或是深呼吸，来尽可能多地争取时间，不要让自己瞬间做出原始的"战斗或逃跑"反应，或者说一些会让自己后悔的话。如果可以，从眼前的境况中解脱出来，让自己冷静。关注这些感觉是如何在你体内产生和消失的，你会注意到，一旦你停止使用精神循环或进一步的愤愤不平来为其火上浇油，它们将很快消失，并不会对你造成任何伤害。关注自己身体的感觉会在刺激和做出反应之间腾出一点空间，在这个空间里你可以决定什么才是最好的行动。

一旦第一波"强烈的情绪"过去，你就有机会利用这次的怨恨作为疗伤和成长的机会。仔细检视那些未被满足的需求，正是它们导致了痛苦和报复的冲动。你的安全、表达权或尊严是否受到了任何形式的伤害？不要被一时的义愤冲昏头脑，也不要否认所有脆弱的感觉，让自己进入自己内心最柔软的部分，转向那个受伤、恐惧的自己，想象为他们挺身而出。如果你很难想出接下来该说什么或做什么，想象一下一个你信任的人走进来——他会代表你说些什么或做些什么呢？如果你是一个孩子，而一个最强大、最聪明的成年人前来拯救你，他（她）会怎么做？你现在能做些什么来满足那些曾经没能被满足的需求呢？虽然你不能控制别人的行为，但你有能力保护好自己的精神、身体和心理的边界。通过练习，健康的自信可以成为你展现活力、创造力，以及所有在职场绽放光彩所需要的品质的基石。

锚定你自己

你的情绪一旦被触发，就很容易进入崩溃状态，任由一件不愉快的经历主宰你的全部现实。之所以会这样，是因为在这样的状态下，你的"战斗/逃跑/不许动"状态被激活，你的知觉发生了令人难受的倒转。其实，如果你能退一步，看看全局，你就会发现人际伤害虽然痛苦，却并非无处不在。

当你感到最脆弱的时候，正是你练习从内在和外在的资源中汲取力量的黄金机会。你的内在资源可能包括你的价值观、职业道德、过去的积极经历和你本身的韧性，外在的资源则可能包括你的导师、朋友、爱你的人、重视你的贡献的组织。尽管积极的经历并不能取代消极的经历，但一个人对你的不满并不一定会影响到你生活的其他方面。即便是在困难的环境中，也要看看你是否能够将爱、感激、创造力和联结的体验注入自己的意识，让它们成为你满足感的基础。锚定你自己不仅仅是一种智性练习，它也是一种具象化的体验，通过这种体验，你可以让"我是一个可爱的、有价值的、有尊严的人"成为你内在现实的一部分。

为了做到这一点，神经心理学家里克·汉森（Rick Hanson）建议我们有意识地努力内化积极和有爱的日常经历。当你感受到爱、自信和尊严的时候，花5秒到10秒（或者更多）的时间来保护和维持住这样的体验，加强积极神经通路。你可以有意地延长和强化它们，并试着记住它们给你带来的精神上和身体上的感觉。这样的感觉越是被强化，你的大脑中就被写入了越多的内在力量，它们会成为你自我依赖、情绪平衡和自信的源泉。

当你身处有害的环境时，另一条有用的提醒是：无论多么不愉快，这些体验都只是一时的。当你的感觉占据主导时，要特别注意哪些包含"总是"和"从不"的想法，因为它们会强化故事中僵化的那一部分，让你产生无助和绝望的感觉。问问你自己：将来还会有人在意这个吗？5年或10年以后，这件事情还重要吗？你生活中的每一个时刻，都是一个改变自己故事的机会。没有什么事情会持续"一辈子"或"许多年"。它会痛，但它会过去。一旦它过去了，你仍然会坚守你的正直。

既做参与者，也做观察者

当你处在一个有害的或是不协调的工作环境时，最有效的心理策略之一就是练习成为一个正念的观察者。你可以把自己当成科学家或是人类学家。人类学家与他们所研究的文化中的人生活在一起，和他们一起吃饭，和他们相处，问问题，思考他们之间的互动。他们既是参与者，也是观察者。

作为一名人类学家，在你的工作中，你是参与其中的一分子，你学习、观察，但不会为你所观察到的情况而深陷，而纠结。首先，你可以想象从"直升机视角"观察正在发生的事情，以完全客观的方式记录下他人的行为。接下来，在你自己的能量空间和心理空间，与他们的敌对能量之间画上一条想象的线，这条线就是你的边界。保持一定的距离，这样你也就让自己有了共情的空间。你会发现，人们攻击性的外表下，掩藏了他们的创伤、痛苦和脆弱。这样你就可以说："这不是很有趣吗？这就是人类的方式——他们总把情绪向外投射。"拥有健康的边界会让你感到安全感和韧性，你可以去爱，去付出，而不用担心燃尽自己。你可以善待他人而无须过分小心，可以原谅那些伤害你的人而不用为此放弃自己的力量。

你还可以设计一些仪式，来强调"真实的自己"和"工作的自己"之间的角色切换。例如，当你早上穿衣服时，想象穿上一套盔甲。你将成为一名演员，在工作场所扮演某种角色。这样，不管接下来会发生什么，对于任何针对你的投射或是批评，你都可以想象它们并不是针对你，而是针对你所扮演的这个角色。当你下班回家后，你可以取下护具，你的"真实的自我"依然完好无缺。这样将自己从别人的有害投射和精神刺激中分离出来，你可以为你观察到的痛苦和煎熬送上美好的祝福。

在世界上找到自己的位置

在这个世界上，想要既做真实的自己，又能找到归属感，你必须学着平衡各种互相矛盾的观点。

- 人们可能会让你失望，但这随时都可能改变，让你惊喜。
- 你与其他人不一样，但你们也互相联结。
- 你可以做出判断，但同时也保留改变主意的权利。
- 人们有可能伪善，可能在行为上咄咄逼人，但这并不能反映他们的全部。
- 有时，你可能只是为了在社交场合保持安全而改变自己，但也有些时候，你必须打开自己的心门，享受别人的到访，让他们感受到你充实、快乐的自我。

最重要的是，不管过去发生了什么，你都有能力走出全新的道路。

你要谨慎,但也要留意新的可能性。

你可以做独特的你,但还是要温柔地对待这个世界。

> 我们生活在一个并不完美的世界,但你可以在其中找到你的位置。昂首挺胸,并保持平和。
>
> 要想找到自己在这个世界上的位置,不要妄想能够有一条容易的路。这条路应当是丰富的、刺激的、令人满足的,让你感到充满活力的。

日记练习:回顾你的一天

通过这个练习,你可以成为自己工作中精神状态和行为的敏锐观察者。

结束一天的工作后,当你晚上回到家时,花10分钟到15分钟进行冥想。

请先闭上眼睛,深呼吸三次。现在,想象走出自己的身体,回头看看自己坐着的地方。

带着兴趣和同情看看自己,看看你坐在那里的姿势,你穿的衣服和你脸上的表情。

接下来,在你意识的眼睛里,回放这一天的经历和你的行为。从你现在坐的椅子开始，回放到你回家的一路上，然后是你离开办公室的那一刻，再回到你的工作地。一个场景一个场景、一分钟一分钟地回放，一直回放到你工作日的开始。

试着回忆尽可能多的细节，带着好奇心与耐心观察自己。当某种情绪产生的时候，看看自己是否能保持在一个观察者的位置，就像你看着自己的思想和情感在电视屏幕上播放那样。

将自己想象成一场演出中的一名演员，你周围的人都是同一出戏中的角色。

连续5天进行上述练习。在这个过程中，思考以下问题，并把答案写在日记里。

1. 特别留心那些让你感到脆弱、焦虑或羞辱的时刻。
- 是因为你失去了外部认可吗？
- 你想要的是什么样的认可？例如，你是想要别人称赞你的能力或外表，还是希望他们说你真的做得很好？
- 在等待别人的肯定时，你感觉自己的内心是几岁时的状态？
- 当你感到无助、受辱或羞愧时，你倾向于如何应对？

2. 记下你感到恼怒、不耐烦或对他人擅加评判的时刻，把这些看成是温和的愤怒。在愤怒的种子刚刚出现时马上注意到并接受它们，你就能阻止它们升级。
- 问问你自己：什么样的情况会让你感到紧张？
- 关注你的身体。你身体的哪个部位感到紧张？
- 你通常会将愤怒向外发泄还是向内发泄？你会不会暴饮暴食？会不会在愤怒发作后变得麻木？

- 你害怕在工作中失去控制吗？你的愤怒要多久才能平息？

3. 现在，列出一些让你感到自豪的事情。不一定是多么实质性的事情，像花时间和陌生人说话或是帮助别人之类的都可以。

- 这些事情反映了什么价值观或美德（例如尊重、忠诚、善良）？
- 什么样的机会可以让你成为自己真正想要成为的人？

4. 想象一下生活在一个没有恐惧的世界，成为你想成为的人。在这个新的世界里，你的工作将体现你在这个世界里最想要体现的价值观（例如正直、真实、尊重）。

- 你看起来会有什么不同？走路和说话的方式会不同吗？
- 你会如何与周围的人相处？
- 发生冲突时你会采取什么立场？
- 当你受到不公正的指控或压迫时，你的应对方式可能会和现在有什么不同？
- 你和自己对话的方式会有什么不同吗？
- 你可能会开始做什么？
- 你可能会停止做什么？
- 这个新的世界让你有了什么样的希望、梦想和愿景？
- 其他人可能会注意到什么样的变化？

现在，找出一个你可以做的小改变，一个能让自己更接近你想成为的人的小改变。

你成长得比别人更快

你是否会紧紧抓住那些不再适合你的人和地方不放呢？看到一些关系已经改变，不再是曾经的样子，你会感到很痛苦吗？当你的成功超出了你的老朋友和家人所能理解的程度，你会拒绝承认这一事实吗？

情绪强烈者天生就是快速行动派。你的个人和精神层面的成长都以闪电般的速度发生，你的生活就是一次又一次的冒险。当你停滞不前时，无聊、愤怒和不满足的感觉会折磨你。当你在一段恋情或友情中停留过久，你的真实自我就会向你呼喊。这刚开始可能只是一点点恼怒，但很快，这种感觉会恶化成长期的不满和怨恨。你胸怀宽广，心胸开阔，渴望成长，但在智力、情感和精神层面，你可能很难找到合适的伴侣。在寻求联结的过程中，你必须从跨越时间和空间的不同文化、族群中找到亲密。

你不是一个墨守成规的人，你天生就有一种愿望，想要摆脱有限的世界观和这个社会本身强加在你身上的限制。摆脱从众心理是一种渴望，更是一种召唤。你的内在动力将你带到你曾经的身边人无法理解的地方。然而，每当你回到原来的世界，你可能会发现自己比以往任何时候都更孤独。你意识到，尽管承认起来很痛苦，但你和老朋友之间早已经没有了共同语言。当你来到下一个阶段时，这个模式又将重复。终有一天你会发现，成长速度快过身边的人，快过你成长的地方和社区，成为你生活的常态。

不可避免的改变

当你成长到意识的下一个阶段时，你生活中的一些人可能很难跟上这种变化。你找回了真实的自我，于是开始直白地说出你的意思，表达你的感受。你不再谨小慎微地做事，而是找回自己的创造性，让情绪强烈的特质被人看到。这个全新的你散发出的气场对身边还没有准备好的人来说过于耀眼了。即使本身并没有这样的打算，你还是会成为那些生活在传统智慧和传统带来的虚假安全感的"旧世界"中人的威胁。你的存在代表了他们心中隐秘的欲望。在所有的恐惧与荣耀中，他们内心深处同样渴望得到解放，只是他们还没有准备好去质疑他们所知道的唯一权威，动摇他们所拥有的安全感，去怀疑他们依赖的唯一关系，或者为进入一个完全未知的世界甘冒风险。你的反叛激发了他们内心反叛的声音。为了避免内心难以忍受的冲突，他们便要来破坏你面前的道路，证明他们的方式才是对的。

总的来说，人们对眼前已有的动态关系平衡感到舒适。如果你扩大自我意识，有些东西就会改变。你的老朋友不仅要适应新的你，还要适应他们新的自我——和新的你在一起时他们必须成为的那个自我。如果他们没有和你一起成长，这段关系将不可避免地变得陈旧、功能失调，甚至伤人。例如，有些人无法面对自己的弱点，倾向于向外投射这些弱点。他们只知道如何在一段关系里充当"救星"的角色。当你变得不再那么依赖他们，他们可能会感觉被你抛弃或拒绝。而当他们不再是帮助者或负责人，那他们现在的角色是什么呢？这个问题可能让他们非常不舒服。所以，他们会继续以旧的方式与你相处，希望能回到旧的功能失调的动态，令你重新需要和依赖他们。

　　不经过非常仔细的检视，你可能根本不会注意到你的老朋友在暗中对你造成伤害。例如他们不再问你事情是否进展顺利，而是唱反调，要么建议你不要行动太快，要么警告你期望可能会落空。他们对你的健康表现出过度的关心，或者以一种像对待孩子一样居高临下的态度和你说话。如果他们说的话引起了你的不安全感，你可能就会下意识地进行回应，并满足他们的需求。奇怪的是，你会发现自己在毫无必要的时候去寻求安慰，在同样毫无必要的时候去寻求建议。你夸大你的忧虑，掩盖好消息。这就好像你在为了照顾他们的需要而刻意退化，让他们知道你还是他们认识的那个人。从表面上看，他们是关心你的，但当你从一个原本应当十分友好的互动中逃出来时，你的力量和信心都减弱了。

　　你从未想过去否定别人的人生选择。当你长大了或是搬家了，你是在为你的生活而奔跑，去做唯一能满足你对存在性的寻求的事情。然而，每当你反抗老人，违背父母的既定计划，或是违背这个社会的教条时，你都会面临来自多个方面的阻力。你被告知自己是自私、无礼、傲慢的人，这是人们通过对话、不客气的目光和无声的压力传递给你的。内化的内疚感会变成焦虑和自我怀疑，因此，你此刻可能会怀疑自己是否真的是一个爱评判别人的、傲慢的人，你担心你背叛了那些爱你的人。你也害怕在选择无人走过的道路时感到的那种孤独。你会问自己：我的家在哪里？我属于某个组织吗？我会属于任何地方吗？

剥离的痛苦

即使你的朋友和家人的言行伤害了你，也并不意味着他们不爱你。大多数时候，他们所说或所做的并不是恶意攻击，而是对于他们的信念系统所感知到的威胁的一种"战斗或逃跑"反应。当你茁壮成长为他们无法理解的人，把你从高位上拉下来可能是他们唯一能想到的保护自己心理平衡的方法。他们或许想要给你最好的，但内心的恐惧让他们没有办法全心全意地支持你。

如果你注意到这样的模式，并不意味着你需要结束一段恋情或友情。你只需要意识到发生了这样的事，就可以防止这种动力削弱你的力量。一旦你看到了事情表象下的深层原因，你就可以努力变得不被他们的投射所干扰。如果有必要，你可以控制你的期望和你打算从这段关系中给予和索取的东西，然后成为一个能够以同情的态度对待朋友们的弱点的宽容的人。

然而有时候，唯一向前进的方法就是离开一段关系。无论过去有多少对你特别重要的人和事，在你的新生活中，他们大概都不再有同样的位置了。作为一个敏感的人，你对于那种强装一切都没有改变的虚伪同样很敏感。在某种程度上，对方也意识到你们的关系应该寿终正寝了。如果他（她）没有足够的自信来采取行动，可能就会采取消极攻击的行动，把你推开。有时候，勇敢地去和童年伙伴、家人或伴侣划清界限，不仅仅很安全，更是最有爱的事情。

人际关系中最微妙的平衡行为之一就是尊重你所拥有的，同时放下不再属于你的。我们必须先把杯子里的水倒空，才能重新满上。执着于不再属于你的东西，只会让你停留在原地，满腹怨恨和沮丧。

分手并不见得是某个人的责任。你们都尽了自己最大的努力，这建立在你们是什么样的人、你们知道些什么的基础之上。人们走进你的生活，可能是出于某个原因，可能会停留几个月，可能会伴你一生。但是，没有人会在某个时刻停留太久，停留到对你们双方都不再有好处的程度。你们曾经分享过欢笑和悲伤，曾经一起走过一段，这就足够有意义了。一切都不是错误。你过去的关系是你成长过程中的基石，是它们塑造了今天的你，把你带到眼前这个关键的时刻。对于那些与你同行的人，最好的尊重不是抓住不放，而是在时机成熟的时候放开手。

哀伤和放下是痛苦的，但这种剥离的痛苦也是成长的痛苦。你正在摆脱束缚，这样才能飞起来，响应自己内心的呼唤。这就像毛毛虫破茧才能成蝶，你也要从你的茧里挣脱，才能长成更强大更辉煌的自己。当你可以自由展现自己作为一个情绪强烈者的天赋，每一个人，包括未来的你，都会感激你。这个过程很痛苦，但你要温柔地拥抱这种告别的痛苦，并且非常肯定地告诉自己，眼泪正是事情朝着正确方向发展的标志。

当你做出改变，让你周围的环境去适应自己作为一个有尊严的人的新身份时，内心便会逐渐变得平静和清朗。迟早有一天你会意识到自己是多么自由，发现你不再渴望从你的父母、老朋友或是主流世界获得认可。你会知道你

> 究竟是谁，并为此感到踏实。你终于能够伸展你的肢体，拥有你自己的空间，真正吸引适合你的朋友来到你身边，这种感觉将会非常奇妙。

仪式：辨别与放下

你可以利用辨别的能力来判断某位朋友是否在你的新生活中占有一席之地。在与他们的互动中，有意识地去辨别自己的感受——那些发自内心的、情感上的、精神上的感受。通过下面列出的问题，回想一下你们曾经有过的某一次交流：

1. 这段对话给你的感觉是自然的吗？是轻松的还是被强迫的？你是不是需要刻意寻找话题？

2. 在这次交流中，你有没有感觉到情感上的共鸣，或是智力上的挑战？还是会觉得无聊和不安？

3. 与他（她）分享你的生活细节，你觉得安全吗？你会不会刻意控制自己不与他（她）分享好消息，或者淡化生活中的积极方面呢？

4. 和他（她）在一起时，你觉得自己足够安全吗？你会不会觉得需要刻意表现自己，好不显得"太过了"，或是"太情绪化""情绪太过强烈"？

5. 你们的人生目标、价值观和生活方式很不一样吗？尽管朋友之间并不是一定要有共同的目标和价值观，但如果这导致你们的谈话只能停留在非常肤浅的层面，或者你朋友的行为违反了你的道德准则，这就成为问题了。或许你会带着评判看待他们，之后却又觉得愧疚，最后陷入这么一个令人疲惫的情绪循环。

6. 结束某次互动时，你会觉得愧疚、不诚实吗？

7. 他（她）对个人成长或精神上的成长感兴趣吗？会反省自己吗？

8. 你们共同经历的过去是你们唯一的共同点吗？

9. 想象一下，如果没有了你们之间的过去，如果这个人是你刚刚认识的，你愿意让他（她）进入你的核心社交圈吗？

10. 结束交流的时候，你是否感觉筋疲力尽、没了精神？是觉得更没劲了还是变得更有活力了？

11. 你们的友谊开始感觉让你疲于应付了吗？你是期待着下一次会面，还是情愿去做些别的事情呢？

12. 你有没有感觉他（她）在消极地推开你呢？比如表现得冷漠或是不感兴趣。他（她）是不是看起来并不想和你待在一起，只是不想说出来？

你或许在生活中发现了一些想要放弃的关系。如果你觉得这样做是正确的，那就遵循以下的"仪式"去放开手吧：

- 准备几张不同颜色的纸。
- 在上面画下或写下那些在你的生活中不再拥有位置的人，或者你想要放下的人。你画下或写下的内容除了这些人本身，还可以包括你与他们产生联系的方式,如"互相依赖"。
- 思考一下是什么让你不愿对他们放手,并将其写在纸的反面。
- 在自己的头脑中做好放下他们的准备,想象没有他们的生活会是什么样子。
- 要放下这些人,你可以选择烧掉、撕毁或是埋掉这些纸。在这个过程中,留意你身体和呼吸的感受。
- 下定决心尊重你与这些人/关系/想法之间的联结,然后放手。
- 祝贺自己,因为你让自己走向了自由和轻松。

这是一个象征的练习,旨在创造微妙的心理转变。尽管烧毁或撕碎东西的行为看起来很残忍,但这并不意味着你需要在现实生活中做任何激烈的事情。这种转变可能以微妙的形式出现,如自信的增加,多了一种对于人际关系的思考方式,或者你自身期望的改变,等等。

不论你是否有意识地让自己拥有这样的意志力,一旦时机到了,不再适合你的东西就会在你的生活中消失。在脑海中把自己想象成一棵生长在大自然中的树吧。你不需要做任何事,控制任何事,或决定任何事。随着季节的变化,大自然会为你褪去枯叶和枯枝。你也无须担心自己新结出的果实会是什么形状、什么形式,因为大自然会为你提供必要的营养和资源,让你结出你注定将要结出的果实。

振翅高飞吧！

亲爱的情绪强烈者：

或许在你生命中的某个时刻，你学会了为了安全而退缩，而隐藏自我。

你生命中出现的人总是责备你说得太多、问得太多、感受太多。

你所在的组织和管理者总叫你保持稳定和安静。

社会总给你压力让你不要去打扰任何事，不要去超越任何人。

你那些竞争意识强烈的兄弟姐妹是你的威胁，他们压抑了你的玩心和活力。

其他人可能会将他们的心理阴暗面释放或投射到你身上，然后指责你拥有他们自己所否认的负面特质。

或许你的家庭给你分配了一个"病态角色"，让你成了所有哀伤的罪魁祸首。

你不得不做一个"小大人"，这个负担很沉重，你成了所有人的知己和顾问，以至于忘了你该怎样去玩，忘了该如何做自己，忘了如何自然地表达你自己。

你可能压抑了自己的感情，磨平了自己的棱角，也压制了自己内心的声音。

你可能会因为自我破坏、强烈的自我批评或冒名顶替综合征（尽管得到了世人的认可，却依然觉得自己像是个骗子）而不断退缩。

即便生理上已经成年，也早已离开了童年的生活环境，你却依然生活在头脑中为自己建造的笼子里。

但是，无论你小时候经历了什么，你那情绪强烈的灵魂依然是野性和未被驯服的。它或许被藏起来了，但它并不会消失。无论你和你周围的人怎样试图让它噤声，操控它，或者假装它不存在，你热烈的灵魂总会突破重围。

到了你自我觉醒，认识一个全新的现实的时候了。

情绪强烈不是你的缺陷，更不是一种病。

恰恰相反，情绪强烈意味着你被赋予了别人没有的独特品质。尽管你的生活道路不会因它而变得简单，但它会让你成为伟大的移情者、艺术家和梦想家。这样特别的品质不仅仅意味着你是一个有天赋的人，它本身也是一种天赋。现在，是时候摘下你多年来因被压迫而蒙上的面纱了，是时候站出来做你自己，用你全部的潜力来造福这个世界了。

在这个全新的现实里，你不再需要为了安全而压抑你自己的光芒。

看看你的周围，仔仔细细、清清楚楚地看看你眼前的现实。过去那些虚假的权威再也不能控制你了。

你可以从有害的嫉妒和竞争中解脱出来。

被抛弃或拒绝的威胁不再会困扰你。你也不必再扮演别人安插在你身上的害群之马的角色。

你不再需要用虚伪的谦卑、自我贬低、自我批评或自我破坏来掩藏自己的光芒，保护自己免受伤害。

这个世界已经准备好祝贺你的美好，你的成功，你的荣耀。

尊重你在你的生活中所建立起来的巨大韧性。

感受你的双脚是多么坚定地扎根在地面上。

不管过去曾经发生过什么，现在的你都有能力和自由去重新找回自己的生活。

如果有人用消极进攻的方式对待你，激怒你或是操控局势，你会马上看穿他的把戏。

当有人贬低你或是散布关于你的谣言，你可以相信你的正直会闪耀光芒。

若有人问："你认为你是什么人？"你可以回答："一个敢于做自己的谦卑灵魂。"

你内心深处那个拥有着强烈情绪的自我，渴望着最终能够被听到、被看到，渴望着这个世界能够拥抱它原本的样子。

振翅高飞吧！

参考资料

1. Brazelton, T.B., Nugent, J. K., & Lester, B.M., Neonatal Behavioral Assessment Scale. In Osofsky, J.D., ed., Wiley series on personality processes, *Handbook of Infant Development* (John Wiley & Sons, 1987), 780–817.
2. Kagan, J., Arcus, D., Snidman, N., Feng,W.Y., Hendler, J. and Greene, S.,'Reactivity in infants: A cross-national comparison', *Developmental Psychology*, 30(3) (1994): 342.
3. Aron, E., *The Highly Sensitive Person* (Kensington Publishing Corp, 2013)
4. Aron, E., *The Highly Sensitive Person*. Available at: https:// hsperson.com/ (retrieved 27 December 2019).
5. Aron, E., *The Highly Sensitive Person* (Kensington Publishing Corp, 2013).
6. Csikszentmihalyi, M., *Finding Flow:The Psychology of Engagement with Everyday Life* (Hachette UK, 2020).
7. Boyce,W.T., *The Orchid and the Dandelion:Why Sensitive People Struggle and How All Can Thrive* (Pan Macmillan, 2019).
8. Dobbs, D., *Dandelion Kids and Orchid Children: How vulnerability is responsiveness, danger opportunity, and an apparent weakness – genetically conferred sensitivity to environment – may be the secret to human (and humankind's) success* (Atlantic, 2009).
9. Orloff, J., *The Empath's Survival Guide: Life Strategies for Sensitive People* (Sounds True, 2017).
10. Hatfield, E., Cacioppo, J.T. and Rapson, R.L., 'Emotional contagion', *Studies in Emotion and Social Interaction* (Cambridge University Press, 1994).

11. Hatfield, E., Cacioppo, J.T. and Rapson, R.L., 'Emotional contagion', *Studies in Emotion and Social Interaction* (Cambridge University Press, 1994).

12. Decety, J. and Lamm, C., Human empathy through the lens of social neuroscience, *The Scientific World Journal*, 6 (2006): 1146–1163; Decety, J. and Svetlova, M., 'Putting together phylogenetic and ontogenetic perspectives on empathy', *Developmental Cognitive Neuroscience* 2, no. 1 (2012): 1–24; Preston, S.D. and De Waal, F.B., 'Empathy: Its ultimate and proximate bases', *Behavioral and Brain Sciences* 25, no. 1 (2002): 1–20; Prochazkova, E. and Kret, M.E., 'Connecting minds and sharing emotions through mimicry: A neurocognitive model of emotional contagion', *Neuroscience & Biobehavioral Reviews* 80 (2017): 99–114.

13. Gallese, V., 'Mirror neurons and intentional attunement: Commentary on Olds', *Journal of the American Psychoanalytic Association* 54, no. 1 (2006): 47–57; Gallese,V. and Goldman, A., 'Mirror neurons and the simulation theory of mind-reading', *Trends in Cognitive Sciences* 2, no. 12 (1998): 493–501; Keysers, C. and Gazzola,V., 'Social neuroscience: mirror neurons recorded in humans', *Current Biology* 20, no. 8 (2010): R353–R354.

14. Jackson, A.W., Horinek, D.F., Boyd, M.R. and McClellan, A.D., 'Disruption of left–right reciprocal coupling in the spinal cord of larval lamprey abolishes brain-initiated locomotor activity', *Journal of Neurophysiology* 94, no. 3 (2005): 2031–2044; Lloyd, D., Di Pellegrino, G. and Roberts, N., 'Vicarious responses to pain in anterior cingulate cortex: is empathy a multisensory issue?' *Cognitive,Affective, & Behavioral Neuroscience* 4, no. 2 (2004): 270–278; Prehn-Kristensen, A., Wiesner, C., Bergmann, T.O., Wolff, S., Jansen, O., Mehdorn, H.M., ... and Pause, B.M., 'Induction of empathy by the smell of anxiety', *PLoS ONE* 4, no. 6 (2009): e5987.

15. De Vignemont, F. and Singer,T., 'The empathic brain: How, when and why?' *Trends in Cognitive Sciences* 10, no. 10 (2006): 435–441.

16. Adolphs, R., Sears, L. and Piven, J., 'Abnormal processing of social

information from faces in autism', *Journal of Cognitive Neuroscience* 13, no. 2 (2001): 232–240.

17. Heylighen, F., Gifted People and Their Problems, (Davidson Institute for Talent Development, 2012), 1–2; Lind, S., 'Overexcitability and the gifted' *The SENG Newsletter* 1, no. 1 (2001): 3–6; Tucker, B., Hafenstein, .L., Jones, S., Bernick, R. and Haines, K., 'An integrated-thematic curriculum for gifted learners', *Roeper Review* 19, no. 4 (1997): 196–199.

18. Gardner, H.E., *Intelligence Reframed: Multiple Intelligences for the 21st Century* (Hachette UK, 2000).

19. Karpinski, R.I., Kolb,A.M.K.,Tetreault, N.A. and Borowski, T.B., 'High intelligence: A risk factor for psychological and physiological overexcitabilities', *Intelligence* 66 (2018): 8–23.

20. Dąbrowski, Kazimierz, M.D, *Positive Disintegration* (J. & A. Churchill Ltd, 1964).

21. The following descriptions are drawn from: Piechowski, M. M. *Overexcitabilities*. Retrieved April 28, 2020, from https:// www.positivedisintegration.com/Piechowski1999.pdf; Webb, J.T., Amend, E.R., Webb, N.E., Goerss, J., Beljan, P. and Olenchak, F.R., *Misdiagnosis and Dual Diagnosis of Gifted Children and Adults: ADHD, Bipolar, OCD, Asperger's Depression, and Other Disorders* (Great Potential Press, Inc., 2005).

22. Siaud-Facchin, J., *L'enfant surdoué* (Odile Jacob, 2012).

23. Karpinski, R.I., Kolb,A.M.K.,Tetreault, N.A. and Borowski, T.B., 'High intelligence: A risk factor for psychological and physiological overexcitabilities', *Intelligence* 66 (2018): 8–23.

24. Saltz, G., *The Power of Different:The Link Between Disorder and Genius* (Macmillan, 2017).

25. Pulcu, E., Zahn, R., Moll, J., Trotter, P.D., Thomas, E.J., Juhasz, G., … and Elliott, R., 'Enhanced subgenual cingulate response to altruistic decisions in remitted major depressive disorder', *NeuroImage: Clinical* 4 (2014): 701–710.

26. Bradley, B.P., Mogg, K.,White, J., Groom, C. and De Bono, J., 'Attentional bias for emotional faces in generalized anxiety disorder', *British Journal of Clinical Psychology* 38, no. 3 (1999): 267–278.

27. Cytowic, R.E., Synesthesia:A Union of the Senses (MIT Press, 2002); Geake, J.,'Neural interconnectivity and intellectual creativity: Giftedness, savants and learning styles', *The Routledge International Companion to Gifted Education* (Routledge, 2013), 34–41.

28. Seubert, R., 'P-528 Treating depressive crises more effectively by taking into account overexcitabilities and the "third factor" ', *European Psychiatry* 27, no. 1 (2012).

29. Dąbrowski, K., Kawczak, A., and Piechowski, M. N., *Mental Growth Through Positive Disintegration* (Gryf Publications, 1970).

30. Webb, J.T., Amend, E.R., Webb, N.E., Goerss, J., Beljan, P. and Olenchak, F.R., *Misdiagnosis and Dual Diagnosis of Gifted Children and Adults: ADHD, Bipolar, OCD, Asperger's Depression, and Other Disorders* (Great Potential Press, Inc., 2005).

31. Dąbrowski, K, *Psychoneurosis Is Not an Illness: Neuroses and Psychoneuroses from the Perspective of Positive Disintegration* (Gryf Publications, 1972).

32. Storr, A., *Feet of Clay* (Simon and Schuster, 1997).

33. Tolle, E., *The Power of Now:A Guide to Spiritual Enlightenment* (New World Library, 2004).

34. Saltz, G., *The Power of Different:The Link Between Disorder and Genius* (Macmillan, 2017).

35. Teigen, K.H., 'Yerkes–Dodson: A law for all seasons', *Theory & Psychology* 4, no. 4 (1994): 525–547.

36. Watts, A. (2016). Available at: https://alanwilsonwatts.tumblr.com/post/148831042676/in-the-spring-scenery-there-is-nothing-superior (retrieved 25 August 2020).

37. Pink, D.H., *A Whole New Mind: Why Right-Brainers Will Rule the Future* (Penguin, 2006).

38. McCrae, R.R., 'Openness to experience as a basic dimension of personality', *Imagination, Cognition and Personality* 13, no. 1 (1993): 39–55.

39. Chess, S. and Thomas, A., 'Temperament and the concept of goodness of fit', *Explorations in Temperament* (Springer, 1991), 15–28.

40. Solomon, A., *Far From the Tree: Parents, Children and the Search for Identity* (Simon and Schuster, 2012).

41. Field,T.,'The effects of mother's physical and emotional unavailability on emotion regulation', *Monographs of the Society for Research in Child Development* 59, no. 2 (1994): 208–227; Schore, J.R. and Schore,A.N.,'Modern attachment theory:The central role of affect regulation in development and treatment', *Clinical Social Work Journal* 36, no. 1 (2008): 9–20.

42. Spiegel, A. (2010, November 22) Siblings share genes, but rarely personalities. Available at: https://www.npr.org/2010/11/18/131424595/siblings-share-genes-but-rarely-personalities (retrieved 25 August 2020).

43. Bretherton, I., and Munholland, K. A., *Internal working models in attachment relationships: Elaborating a central construct in attachment theory.* In Cassidy, J. and Shaver, P. R. (Eds.), *Handbook of attachment:Theory, research, and clinical applications* (Guilford Press, 2008), 102–127.

44. Smith, R. H., *Envy and Its Transmutations.* In L. Z.Tiedens & C. Leach, eds., *Studies in emotion and social interaction. The social life of emotions* (Cambridge University Press, 2004), 43–63.

45. Rodriguez Mosquera, P.M., Parrott, W.G. and Hurtado de Mendoza, A., 'I fear your envy, I rejoice in your coveting: On the ambivalent experience of being envied by others', *Journal of Personality and Social Psychology* 99, no. 5 (2010): 842.

46. Duffy, M.K., Scott, K.L., Shaw, J.D.,Tepper, B.J. and Aquino, K., 'A social context model of envy and social undermining', *Academy of Management*

Journal 55, no. 3 (2012): 643–666.

47. Parrott, W.G., 'The Benefits and Threats from Being Envied in Organizations', 455–474. In Smith, R.H., Merlone, U. and Duffy, M.K., eds., *Envy at Work and in Organizations* (Oxford University Press, 2016).

48. Foster, G.M., 'The anatomy of envy: A study in symbolic behavior', *Current Anthropology* 13 (1972): 165–202.

49. Smith, R.H., Merlone, U. and Duffy, M.K., eds., *Envy at Work and in Organizations* (Oxford University Press, 2016).

50. Monbiot, G., The denial industry, the *Guardian* (2006), 19.

51. Bauman, Z., *Modernity and the Holocaust* (Cornell University Press, 2000).

52. Aronson, E., 'The theory of cognitive dissonance: A current perspective', *Advances in Experimental Social Psychology* 4 (1969): 1–34; John, L.K., Blunden, H. and Liu, H., 'Shooting the messenger', *Journal of Experimental Psychology: General* 148, no. 4 (2019): 644–666, doi.org/10.1037/xge0000586.

53. Wapnick, E., *How to be Everything: A Guide for Those Who (Still) Don't Know what They Want to be When They Grow Up* (HarperCollins, 2017).

54. Guillebeau, C., *The Art of Non-conformity: Set Your Own Rules, Live the Life You Want, and Change the World* (Penguin, 2010).

55. Baumeister, R.F. and Leary, M.R., 'The need to belong: Desire for interpersonal attachments as a fundamental human motivation', *Psychological Bulletin* 117, no. 3 (1995): 497.

56. Fiske, S.T., and Yamamoto, M., 'Coping with Rejection: Core social motives across cultures'. In Williams, K.D., Forgas, J.P., and von Hippel, W., eds., Sydney Symposium of Social Psychology series. *The Social Outcast: Ostracism, Social Exclusion, Rejection, and Bullying* (Psychology Press, 2005), 185–198.

57. DeRosier, M.E., Kupersmidt, J.B. and Patterson, C.J., 'Children's academic and behavioral adjustment as a function of the chronicity and proximity of peer

rejection', *Child Development* 65, no. 6 (1994): 1799–1813.

58. Renshaw, P.D. and Brown, P.J., 'Loneliness in middle childhood: Concurrent and longitudinal predictors', *Child Development* 64, no. 4 (1993): 1271–1284.

59. Leary, M.R., Cottrell, C.A. and Phillips, M.,'Deconfounding the effects of dominance and social acceptance on self-esteem', *Journal of Personality and Social Psychology* 81, no. 5 (2001): 898.

60. Ladd, G.W. and Troop-Gordon, W., 'The role of chronic peer difficulties in the development of children's psychological adjustment problems', *Child Development* 74, no. 5 (2003): 1344–1367.

61. Gardner,W.L., Pickett, C.L. and Brewer, M.B.,'Social exclusion and selective memory: How the need to belong influences memory for social events', *Personality and Social Psychology Bulletin* 26, no. 4 (2000): 486–496; Pickett, C.L., Gardner,W.L. and Knowles, M.,'Getting a cue:The need to belong and enhanced sensitivity to social cues', *Personality and Social Psychology Bulletin* 30, no. 9 (2004): 1095–1107; Williams, K.D. and Sommer, K.L., 'Social ostracism by coworkers: Does rejection lead to loafing or compensation?' *Personality and Social Psychology Bulletin* 23, no. 7 (1997): 693–706.

62. Lakin, J.L. and Chartrand,T.L.,'Using nonconscious behavioral mimicry to create affiliation and rapport', *Psychological Scence* 14, no. 4 (2003): 334–339; Lakin, J.L., Chartrand, T.L. and Arkin, R.M.,'I am too just like you: Nonconscious mimicry as an automatic behavioral response to social exclusion', *Psychological Science* 19, no. 8 (2008): 816–822.

63. Eisenberger, N.I., 'The neural bases of social pain: evidence for shared representations with physical pain', *Psychosomatic Medicine* 74, no. 2 (2012): 126; Eisenberger, N.I., Jarcho, J.M., Lieberman, M.D. and Naliboff, B.D., 'An experimental study of shared sensitivity to physical pain and social rejection', *Pain* 126, 1–3 (2006): 132–138.

64. Rushen,J.,Boissy,A.,Terlouw,E.M.C.and de Passillé,A.M.B., 'Opioid peptides and behavioral and physiological responses of dairy cows to social isolation in unfamiliar surroundings', *Journal of Animal Science* 77, no. 11 (1999): 2918–2924.

65. DeWall, C.N. and Baumeister, R.F., 'Alone but feeling no pain: Effects of social exclusion on physical pain tolerance and pain threshold, affective forecasting, and interpersonal empathy', *Journal of Personality and Social Psychology* 91, no. 1 (2006): 1.

66. Twenge, J.M., Catanese, K.R. and Baumeister, R.F., 'Social exclusion and the deconstructed state:Time perception, meaninglessness, lethargy, lack of emotion, and self-awareness', *Journal of Personality and Social Psychology* 85, no. 3 (2003): 409.

67. Winnicott, D.W., 'The theory of the parent-infant relationship', *International Journal of Psycho-Analysis* 41 (1960): 585–595.

68. Jung, C.G., *The Collected Works of Carl Jung* (Pantheon, 1953).

69. Jung, C.G.,'The Aims of Psychotherapy', *Collected Works*, vol. 16 (Princeton University Press, 1931): 36–52.

70. Saint John of the Cross, *Dark Night of the Soul: And Other Great Works* (Bridge Logos Foundation, 2007).

71. Kübler-Ross, E., *On Death and Dying* (Routledge, 2008).

72. Sartre, J.P. (1957) *The Transcendence of the Ego: An Existentialist Theory of Consciousness* (Vol. 114), Macmillan.

73. Campbell, J., *The Hero with a Thousand Faces*, vol. 17 (New World Library, 2008).

74. Hesse, H., *Demian* (Courier Corporation, 2000).

75. Harris, R., *ACT Made Simple:An easy-to-read primer on acceptance and commitment therapy* (New Harbinger Publications, 2019); Hayes, S.C., Strosahl, K.D. and Wilson, K.G., *Acceptance and Commitment Therapy:The Process and Practice of Mindful Change* (Guilford Press, 2011).

76. Taylor, J.B., *My Stroke of Insight* (Hachette UK, 2009).

77. Jazaieri, H., McGonigal, K., Jinpa, T., Doty, J.R., Gross, J.J. and Goldin, P.R.,'A randomized controlled trial of compassion cultivation training: Effects on mindfulness, affect, and emotion regulation', *Motivation and Emotion* 38, no. 1 (2014): 23–35.

78. Miller,A., *The Drama of the Gifted Child:The Search for the True Self* (Basic Books, 2008).

79. Bowlby, J., *Attachment* (Basic Books, 2008).

80. Niven, K., Totterdell, P. and Holman, D., 'A classification of controlled interpersonal affect regulation strategies', *Emotion* 9, no. 4 (2009): 498.

81. Vangelisti, A.L., 'Family secrets: Forms, functions and correlates', *Journal of Social and Personal Relationships* 11, no. 1 (1994): 113–135.

82. Bowlby, J., Attachment (Basic Books, 2008); Field, T., 'The effects of mothers' physical and emotional unavailability on emotion regulation', *Monographs of the Society for Research in Child Development* 59 (1994): 208–227.

83. Zaki, J. and Williams, W.C., 'Interpersonal emotion regulation', *Emotion* 13, no. 5 (2013): 803.

84. Minnick, C., 'Splitting-and-Projective Identification', 2019. Available at: http://minnickskleinacademy.com/module-2-2-kleins-baby-core-coping-defensive-maneuvers/splitting-and-projective-identification/ (retrieved 1 February 2020).

85. Ogden, T.H., 'On projective identification', *The International Journal of Psychoanalysis* 60 (1979): 357–373.

86. Mahler, M.S., Pine, F. and Bergman,A., *The Psychological Birth of the Human Infant. Symbiosis and Individuation* (Basic Books, 1975).

87. Firestone, R.W. and Catlett, J., *Fear of Intimacy* (American Psychological Association, 1999).

88. Brady, M.T., 'Invisibility and insubstantiality in an anorexic adolescent:

Phenomenology and dynamics', *Journal of Child Psychotherapy* 37, no. 1 (2011): 3-15.

89. Knafo, D., ed., *Living With Terror, Working With Trauma: A Clinician's Handbook* (Jason Aronson, 2004).

90. Chase, N.D., ed., Burdened Children: Theory, Research, and Treatment of Parentification (Sage, 1999).

91. Firestone, R.W. and Catlett, J., *Fear of Intimacy* (American Psychological Association, 1999); Rohner, R.P., 'The parental 'acceptance-rejection syndrome': universal correlates of perceived rejection', *American Psychologist* 59, no. 8 (2004): 830.

92. Flax, J., 'The conflict between nurturance and autonomy in mother-daughter relationships and within feminism', *Feminist Studies* 4, no. 2 (1978): 171–189.

93. Solomon, A., *Far From the Tree: Parents, Children and the Search for Identity* (Simon and Schuster, 2012).

94. Minuchin, S., Baker, L., Rosman, B.L., Liebman, R., Milman, L. and Todd, T.C., 'A conceptual model of psychosomatic illness in children: Family organisation and family therapy', *Archives of General Psychiatry* 32, no. 8 (1975): 1031–1038.

95. Peterson, R. and Green, S., *Families First: Keys to Successful Family Functioning: Family Roles* (Virginia Polytechnic Institute and State University, 2009).

96. Miller, A., *The Body Never Lies: The Lingering Effects of Cruel Parenting* (WW Norton & Company, 2006); Van der Kolk, B.A., *The Body Keeps the Score: Brain, Mind, and Body in the Healing of Trauma* (Penguin Books, 2015).

97. Kalsched, D., *Trauma and the Soul: A Psycho-Spiritual Approach to Human Development and its Interruption* (Routledge/Taylor & Francis Group, 2013).

98. Holmes, E.A., Arntz, A. and Smucker, M.R., 'Imagery rescripting in cognitive behaviour therapy: Images, treatment techniques and outcomes', *Journal of Behavior Therapy and Experimental Psychiatry* 38, no. 4 (2007): 297–305.

99. Geiser, F., Imbierowicz, K., Conrad, R., Wegener, I. and Liedtke, R., 'Turning against self and its relation to symptom distress, interpersonal problems, and therapy outcome: A replicated and enhanced study', *Psychotherapy Research* 15, no. 4 (2005): 357–365; Geiser, F., Schulz-Werner, A., Imbierowicz, K., Conrad, R. and Liedtke, R.,'Impact of the turning-against-self defense mechanism on the process and outcome of inpatient psychotherapy', *Psychotherapy Research* 13, no. 3 (2003): 355–370.

100. Fairbairn, W.R.D., *Psychoanalytic Studies of the Personality* (Routledge, 1952).

101. Luke, H.M., *Dark Wood to White Rose:A Study of Meanings in Dante's Divine Comedy* (Dove Publications, 1975), 39.

102. Gibran, K., 'On Children', 1923, n.d.. Available at: https:// poets.org/poem/children-1 (retrieved 13 February 2020)

103. Ellison, N., Heino, R. and Gibbs, J., 'Managing impressions online: Self-presentation processes in the online dating environment', *Journal of Computer-Mediated Communication* 11, no. 2 (2006): 415–441; Toma, C.L., Hancock, J.T. and Ellison, N.B., 'Separating fact from fiction: An examination of deceptive self-presentation in online dating profiles', *Personality and Social Psychology Bulletin* 34, no. 8 (2008): 1023–1036.

104. Hatfield, E., and Walster, G.W., *A New Look at Love* (University Press of America, 1985); Hatfield, E. and Sprecher, S., 'The passionate love scale'. *In Handbook of Sexuality-Related Measures*, 3rd ed. (Routledge, 2010), 469–472.

105. Wachtel, E.F., *The Heart of Couple Therapy: Knowing What To Do and How To Do It* (Guilford Publications, 2016).

106. Kroeger, O., *Type Talk, or, How to Determine Your Personality Type and Change Your Life* (Delacorte Press, 1988).

107. Wachtel, E.F., *The Heart of Couple Therapy: Knowing What To Do and How To Do It* (Guilford Publications, 2016).

108. Jacoby, M., *The Analytic Encounter: Transference and Human Relationship* (Inner City Books, 1984).

109. Howe, D., *Child Abuse and Neglect:Attachment, Development and Intervention* (Macmillan International Higher Education, 2005).

110. Schore, A.N., 'Early shame experiences and infant brain development'. In Gilbert, P. and Andrews, B., eds., *Shame: Interpersonal Behavior, Psychopathology, and Culture* (Oxford University Press, 1998), 57–77.

111. Samplin, E., Ikuta, T., Malhotra, A.K., Szeszko, P.R. and DeRosse, P., 'Sex differences in resilience to childhood maltreatment: Effects of trauma history on hippocampal volume, general cognition and subclinical psychosis in healthy adults', *Journal of Psychiatric Research* 47, no. 9 (2013): 1174–1179.

112. Takiguchi, S., Fujisawa, T.X., Mizushima, S., Saito, D.N., Okamoto, Y., Shimada, K., ... and Hiratani, M., 'Ventral striatum dysfunction in children and adolescents with reactive attachment disorder: Functional MRI study', *BJPsych open* 1, no. 2 (2015): 121–128.

113. Frodl, T., Reinhold, E., Koutsouleris, N., Reiser, M. and Meisenzahl, E.M., 'Interaction of childhood stress with hippocampus and prefrontal cortex volume reduction in major depression', *Journal of Psychiatric Research* 44, no. 13 (2010): 799–807; Sieff, D.F., *Understanding and Healing Emotional Trauma: Conversations with Pioneering Clinicians and Researchers* (Routledge, 2014).

114. Mikulincer, M. and Florian, V., 'The relationship between adult attachment styles and emotional and cognitive reactions to stressful events'. In Simpson, J.A. and Rholes, W.S., eds., *Attachment Theory and Close Relationships* (Guilford Press, 1998), 143–165.

115. George, C. and Main, M., 'Social interactions of young abused children: Approach, avoidance, and aggression', *Child Development* 50 (1979): 306–318.

116. McWilliams, N., *Psychoanalytic Diagnosis: Understanding Personality Structure in the Clinical Process* (Guilford Press, 2011).

117. Celani, D., *The Treatment of the Borderline Patient:Applying Fairbairn's Object Relations Theory in the Clinical Setting* (International Universities Press, 1993).

118. Erlich, H.S., 'Enemies within and without: Paranoia and regression in groups and organizations', *The Systems Psychodynamics of Organizations* (Routledge, 2018), 115–131.

119. Obholzer, A., 'Fragmentation and integration in a school for physically handicapped children', *The Unconscious at Work* (Routledge, 2003), 104–113.